FARMING

农业种植系列读物

车艳芳 编著

瓜类 豆类蔬菜生产技术

河北科学技术出版社

图书在版编目(CIP)数据

瓜类、豆类蔬菜生产技术 / 车艳芳编著. -- 石家庄
：河北科学技术出版社，2013.12
ISBN 978-7-5375-6528-8

Ⅰ. ①瓜… Ⅱ. ①车… Ⅲ. ①瓜类蔬菜-蔬菜园艺②豆类蔬菜-蔬菜园艺 Ⅳ. ①S64

中国版本图书馆 CIP 数据核字(2013)第 269724 号

瓜类 豆类蔬菜生产技术
车艳芳 编著

出版发行 河北科学技术出版社
地 址 石家庄市友谊北大街 330 号(邮编:050061)
印 刷 北京楠萍印刷有限公司
开 本 910×1280 1/32
印 张 7
字 数 140 千
版 次 2014 年 2 月第 1 版
2014 年 2 月第 1 次印刷
定 价 25.80 元

Preface 序

推进社会主义新农村建设，是统筹城乡发展、构建和谐社会的重要部署，是加强农业生产、繁荣农村经济、富裕农民的重大举措。

那么，如何推进社会主义新农村建设？科技兴农是关键。现阶段，随着市场经济的发展和党的各项惠农政策的实施，广大农民的科技意识进一步增强，农民学科技、用科技的积极性空前高涨，科技致富已经成为我国农村发展的一种必然趋势。

当前科技发展日新月异，各项技术发展均取得了一定成绩，但因为技术复杂，又缺少管理人才和资金的投入等因素，致使许多农民朋友未能很好地掌握利用各种资源和技术，针对这种现状，多名专家精心编写了这套系列图书，为农民朋友们提供科学、先进、全面、实用、简易的致富新技术，让他们一看就懂，一学就会。

本系列图书内容丰富、技术先进，着重介绍了种植、养殖、职业技能中的主要管理环节、关键性技术和经验方法。本系列图书贴近农业生产、贴近农村生活、贴近农民需要，全面、系统、分类阐述农业先进实用技术，是广大农民朋友脱贫致富的好帮手！

中国农业大学教授、农业规划科学研究所所长
设施农业研究中心主任 张天柱

2013年11月

Foreword 前言

农业是国民经济的基础，是国家稳定的基石。党中央和国务院一贯重视农业的发展，把农业放在经济工作的首位。而发展农业生产，繁荣农村经济，必须依靠科技进步。为此，我们编写了这套系列图书，帮助农民发家致富，为科技兴农再做贡献。

本系列图书涵盖了种植业、养殖业、加工和服务业，门类齐全，技术方法先进，专业知识权威，既有种植、养殖新技术，又有致富新门路、职业技能训练等方方面面，科学性与实用性相结合，可操作性强，图文并茂，让农民朋友们轻轻松松地奔向致富路；同时培养造就有文化、懂技术、会经营的新型农民，增加农民收入，提升农民综合素质，推进社会主义新农村建设。

本系列图书的出版得到了中国农业产业经济发展协会高级顾问祁荣祥将军，中国农业大学教授、农业规划科学研究所所长、设施农业研究中心主任张天柱，中国农业大学动物科技学院教授、国家资深畜牧专家曹兵海，农业部课题专家组首席专家、内蒙古农业大学科技产业处处长张海明，山东农业大学林学院院长牟志美，中国农业大学副教授、团中央青农部农业专家张浩等有关领导、专家的热忱帮助，在此谨表谢意！

在本系列图书编写过程中，我们参考和引用了一些专家的文献资料，由于种种原因，未能与原作者取得联系，在此谨致深深的歉意。敬请原作者见到本书后及时与我们联系（联系邮箱：tengfeiwenhua@ sina. com），以便我们按国家有关规定支付稿酬并赠送样书。

由于我们水平所限，书中难免有不妥或错误之处，敬请读者朋友们指正！

编　者

CONTENTS

目录

上篇 瓜类蔬菜生产技术

下 篇 豆类蔬菜生产技术

上 篇

瓜类蔬菜生产技术

第一章 黄瓜生产技术

第一节 黄瓜的生育特点

黄瓜又名刺瓜、胡瓜，最初生长于湿热的印度地区。它的生长期短，而且具有很好的环境适应性，耐低温，容易栽培，产量很高，亩产可以达到5000千克以上。黄瓜一直是大家喜爱的蔬菜，无论是生吃，还是炒制，或腌渍，都十分美味可口。所以，大力推广黄瓜的新品种，推广黄瓜的全年种植，对于弥补我国北方食用蔬菜的缺口具有十分重要的地位。

一、黄瓜植物学特性

黄瓜是一种一年生蔓性植物，它的叶子是黄绿色或浓绿色的，脉络清晰，像人的掌纹一样，呈五角星状，黄瓜的根系下扎不深，分布在16~20厘米的表土层，主根旁边着生有很多的须根，黄瓜的花是雌雄同株生长的，但是不生长在一朵花里，雌花着生在主蔓上，可以结果。果实呈筒状，有淡绿色或深绿色的外皮，并且皮外着生着一些突起的小刺。千粒重23~42克。

黄瓜生长的最适温度为夜间12~16℃，白天20~25℃。虽然具

有一定的环境适应性，但是如果超过它的抗度，就会发生生理性生长障碍，导致生长的暂时或永久停止。由于黄瓜的主根着生深度较低，所以吸肥、保水能力差，再加上有众多的枝叶在不停地向空气中散发水分，所以抗寒性很差。黄瓜对氮肥和钾肥的要求比较高，缺失时会导致果实变苦或者落花增多，但是也不要过度施肥，黄瓜的根的耐腐性很弱，过度施肥也会灼伤其根系，导致其生长障碍。

黄瓜一般来说属于短日照的作物，但是对于不同成熟期的黄瓜，又有一些不同。早熟的黄瓜品种更适合较短的日照时间，但是中、晚成熟的黄瓜品种则对日照的适应性比较强，对日照没有什么特殊的要求。当然，较短的日照时间对于黄瓜的生长也是具有一定的好处的。

二、黄瓜生长对环境的要求

（一）对温度的要求

1. *最适温度* 黄瓜的生长对温度有着严格的要求，当白天的温度在20～30℃，夜间在15～18℃时，会有利于黄瓜的生长和发育，但是所谓的最适温度，只是黄瓜生长发育所需的一般温度，具体种植时还要随着黄瓜生长发育环境的不同而发生相应的变化。在光照较弱的年份和地区，可以采用低温管理的方式，而在二氧化碳浓度较高的地区，则可以采用高温管理法。

2. 昼温和夜温　黄瓜是一种喜温的作物，具有适宜的温度才可以很好地促进黄瓜的生长发育，但是，黄瓜在白天和晚上对温度的要求是不一样的，并不是温度一直很高，或者很低才有利于黄瓜的生长，在白天和晚上的时候气温之间的差异也是促进黄瓜快速生长的好方法。

白天气温高，可以促进黄瓜的光合作用，夜晚没有太阳，黄瓜不再产生供自身生长所需的物质和能量，这时候就要减少黄瓜枝和叶的呼吸，和对营养的消耗。由于植物的生长也是一个可变的，不确定的过程，所以在对黄瓜进田间管理的时候，一定不要死守规律，而是要随着影响因素的变化而变化。当与黄瓜生长密切相关的肥料、湿润度、温度、二氧化碳浓度等因素发生了改变的时候，就要及时地改变黄瓜的生长温度，一般阴天的温度要低一些，而晴天的温度则相应地要高一些。这对于提高黄瓜的产量，是十分有利的。

3. 有效积温　有效积温是在一段时间内，有效温度累积的总和，在植物学上来看，它是影响作物生长发育的一个十分重要的因素。黄瓜也是如此，黄瓜的每个生长时期和阶段，都对积温有一定的要求。而对于某个特定的品种来说，这种要求是相对稳定的，一般不会随着时间和年份的变化而变化，但是，这并不代表黄瓜在每个年份的生长期长度是一定的，因为年度间气温的不平衡，就会导致获得有效积温的时间长短的不同，所以同一黄瓜品种在每年的同一生长期长度也会相应的发生改变。

（二）对光照的要求

一般来说，黄瓜属于短日照的植物，对日照时间的长短有一定的要求，但是，随着近年来黄瓜新品种的研发，也出现了不受或较少受到日照影响的黄瓜类型，比如我国华北地区的品种，对日照的要求就不严，但是8～10小时的日照时间仍然是黄瓜生长的最佳时间。

黄瓜的最适光照强度为4万～6万勒，光饱和点为55万勒，如果光照强度太弱，降低到2万勒以下，就会延缓植物的生长进度，造成黄瓜长得慢，生长期延长，产量下降。如果在黄瓜的生长期内连续多天阴雨连绵，不见日光，就会造成黄瓜减产。

相对来说，黄瓜对光照的要求要低一些，只要有弱光就可以生长，这也就使得冬季的黄瓜种植业成为可能。在冬天种植黄瓜，只要满足其生长对温度的合理要求，然后配合覆盖无滴膜和张挂反光幕的方式，也可以提高光照强度，满足黄瓜生长对弱光的要求。冬季的黄瓜生长，如果措施得当，也可以得到意想不到的收获。

由于黄瓜的光合作用在一天中是不均匀的，一般早上到中午的时候是叶片进行光合作用为植株的生长提供营养和能量最旺盛的时间，产生的营养物质可以占全天产生物质的70%左右，所以，要想黄瓜生长旺盛，就要充分保证这一段时间内黄瓜的合理光照，具体到冬季的黄生长，在早上的时候，就要提早揭开苫布，让阳光普照黄瓜地，促进光合作用的发挥。

（三）对水分的要求

黄瓜的根系分布很浅，所以就难以从较深的地下来搜集水分，供给植株生长的需要，所以黄瓜的生长对水分的要求就比较严格，最适合的土壤含水量为85%～95%，空气湿润度为夜晚90%，白天80%。

黄瓜的生长需水很多，所以在黄瓜的生产上就要多浇水，但是并不是一味地多浇水就可以促进黄瓜的生长，而是要结合黄瓜的生长发育进程来合理配置水资源，适应黄瓜的需水规律。在黄瓜需水时要及时浇水，但是要注意不要一次性浇太多的水，大水漫灌的方式十分容易造成土壤板结和积水，妨碍黄瓜根系的通风透气，影响植株的生长，反而是有害的。特别是早春和秋冬季节，就更不可以进行大水长时间的漫灌，而是要采用膜下暗灌的方式进行节水操作，这样不仅省水，又可以很好地避免发生寒根、沤根和猝倒病，所以也是近年来使用较多、应用较广泛的一种方式。

黄瓜生长的不同时期和阶段，对水分的要求也是不一样的，要进行黄瓜的水分调控，也是一项十分专业的技术。幼苗期如果灌溉太急，十分容易造成苗期空长和徒长，导致花期晚，结花数量少，但是又不能过分控制水分，否则容易形成老化苗。黄瓜的初花期可以合理地控制水分，促进黄瓜根系的生长和发育，为后期生长打下坚实的基础，但是结果期由于营养生长和果实生长对水分的要求十分大，就要保证充足的水分供应，这样才能促进果实的快速发育，获得高产。

（四）对土壤的要求

黄瓜的根系浅，为了保证足够的肥料供应，就要尽可能地选择有机质含量高，透气性好的土壤进行种植。黏性土壤种植，会导致黄瓜的生育期变长，因而产量也增加。沙质或沙土中培育，虽然生长较快，但是衰老也较快，不利于总体产量的提高。黄瓜生长的最适 pH 值为6.5，值数过高容易烧坏根系，导致黄瓜枯萎而死，值过低又会发生多种黄瓜的生长障碍和病害。黄瓜不适合连作，种植一年以后要至少休息三年才可以接着种植。

第二节 黄瓜品种

黄瓜生产要想做到高效无公害，选育优良的黄瓜品种是关键，只有通过提高黄瓜品种自身的素质，提高自身的抗病虫害能力，减少生产用药，才可以生产出最适合食用的优质黄瓜种类。

一、优良品种的选择原则

现在的种子市场上总是会有各种各样的黄瓜品种和类型，但是要真正地辨别其品种的优劣和实用性却不是一件简单的事情。再加上有的厂家科研精神不强烈，品种的纯度未经过实践的检验就开始进行生产和销售，这也导致新品种的适用期不长，品种性质不稳定，没有种植几年就必须另行换种。总体来说，选择优良地适合自己区域种植的黄瓜品种不是一件简单的事情，要经过多方面的考虑。

第一，选择和栽培地适合的栽培品种。黄瓜的品种多种多样，每一种黄瓜类型可能都有自己独特的栽培条件，但是却不一定适应特定地区的实际环境，所以各个地区栽培黄瓜的时候都要先进行选种，选择和自己的土地、气候等自然条件相适应的黄瓜品种。

第二，选择适合当地或销往地区习惯的黄瓜品种。不同的黄瓜品种，其瓜条性状就不相同。主要表现在瓜条的长度、瓜肉和瓜皮的颜色、有无刺瘤或刺瘤的长短、刺的颜色、瘤的大小程度等。只有选择的瓜的性状满足了当地消费者的需求，瓜的销量才会好。

第三，要求黄瓜新品种可以同时防抗多种病害，保护地黄瓜品种要可以很好地抗枯萎病为代表的各类土传病害，露地黄瓜品种要求要抗当地存在的病害 1～2 年。同时，各种类型的黄瓜品种都要具有较好的品质和良好的商品属性。

第四，黄瓜新品种引进的时候要至少经过两年以上的对比试验才可以在特定的地区推广使用。即使已经种植，第一年也要与当地的主栽品种进行小面积的对比实验，检验结果优良的品种第二年才可以选用，并继续扩大种植和栽培的面积。通过几年的实验之后，经过优良性认定的品种，才可以大面积地推广种植。这样做的主要目的是为了减少直接种植的经济损失，确保某个特定的黄瓜品种符合当地的具体情况。

二、黄瓜良种的类型

黄瓜的品种和类型多样，一般可以分为普通黄瓜类型和原产欧洲的小黄瓜类型。这两种类型的黄瓜又包括了各种黄瓜品种，下面我们就具体的来介绍。

（一）普通黄瓜类型

1. 津优 32 号　津优 32 号是由天津科润黄瓜研究所培育而成的一种适合日光温室越冬茬栽培的杂交黄瓜品种。这种黄瓜的茎秆粗壮，侧枝很少，长势中等，主要依靠主蔓结瓜，回头瓜数量很多，瓜码很密。瓜条顺直、呈棒状，深绿色，具有光泽，瓜把很短，瓜的刺瘤十分明显，瓜肉是淡绿色的，味道很甜，生吃很脆，商品性好，含维生素量高，品质优良，卖点很高。栽培时期可以长达 8 个月，一般都不早衰。亩产黄瓜 5000 千克以上，增产率高。

这种黄瓜品种对常见的黑星病、白粉病、霜霉病、枯萎病等都具有很好的抵抗能力，抗病虫害的性能较好。而且可以耐弱光、低温等不良的气候和环境因素，在不良的种植气候下仍然可以很好地生长，结瓜。这种品种耐的最低气温是 6℃，最高气温是 36℃，最低光照强度是6000 勒克斯。这种黄瓜一般在9月下旬播种育苗，11月下旬开始采摘，十分适合东北、华北、西北地区冬春茬日光温室早熟栽培和日光温室越冬茬栽培。

2. 津优35号　津优35号是由科润黄瓜研究所培育而成的新一代早熟杂交新品种，经过多年的栽培实验，最终在2006年通过了天津市农产品专家验收。该品种的长势十分旺盛，叶片大小中等。以主蔓结瓜，第一个雌花就着生在主蔓的4节位置处，瓜码较密，回头瓜的数量多。瓜条的生长速度十分地快，生长后期侧枝可以自己封顶。所结的瓜的色泽好、瓜条顺直，瓜色深绿，瓜把较短，单个瓜重200克，长33~40厘米，无棱，刺密，瓜瘤小，瓜质脆甜、瓜色淡绿，不出现化瓜和弯瓜现象，畸形瓜较少。生长期很长，抗枯萎病、白粉病和霜霉病，较耐低温和弱光。一般亩产可以达到1万千克以上，适合冬春茬和大棚早春栽培以及日光温室越冬茬栽培。

3. 津优36号　津优36号是由天津市黄瓜研究所培育而成的一种早熟类型的黄瓜品种。该品种的长势旺盛，瓜叶深绿色，叶片较大，瓜码很多，一般都是主蔓结瓜，回头瓜的数量很多。瓜的光泽度很好，瓜色深绿，瓜把短，瓜条顺直，单个瓜重200多克，长32厘米左右。此瓜的瓜棱较浅，刺瘤明显，瓜色浅绿，畸形瓜的概率很低，吃起来口感脆甜。此瓜同时具有很强的适应性，较耐弱光和低温危害。在7℃和每天2小时的弱光照射环境下，仍然可以正常地生长。对白粉病、枯萎病、细菌性角斑病的抵抗力都很高。亩产黄瓜1万~2.3万千克。适合日光温室栽培。

4. 津育3号　津育3号是由锦3105和A-8杂交育种而成的一种新的黄瓜类型。该瓜的长势很强，主蔓结瓜，植株紧凑，雌花率在50%左右，回头瓜的数量较多。瓜条呈棒状，顺直，腰瓜30厘米左右。瓜色具有光泽性，色较深，刺瘤多而密。单个瓜重约200克，瓜肉味道甜美，鲜嫩，呈淡绿色，品质较优。此种黄瓜早熟，产量高，可以亩产约1万千克。

在品种适应性方面，这种黄瓜的整体性状也不错。即使是在弱光和5℃的低温情况下，仍然可以生长一定的时间。强抗白粉病、枯萎病、霜霉病，越冬栽培的生长期在8个月左右，适合西北、东北、华北等地区日光温室越冬茬和春季大棚栽培。

5. 津春3号　津春3号是天津市黄瓜研究所选育而成的日光温室的专用杂交品种。植株的生长旺盛，叶子肥大，茎秆粗壮，分支能力强，以主蔓结瓜为主，雌花着生在3~4瓜节的位置上，结瓜位置集中，瓜码十分密集。瓜条棒形，长约30厘米，重200~300克，瓜色深绿，瓜条顺直，短把，瓜头没有黄色的条纹，味道甚佳。亩产约5000千克，商品性极高。强抗白粉病、霜霉病，适合华北地区栽培种植。

6. 中农26号　中农26号是由我国农业科学院蔬菜花卉研究所培育而成的一种中熟日光温室栽培品种，这种黄瓜的生长旺盛，结瓜性好，主蔓结瓜所占的比例较大，连作的能力很强，回头瓜的数量多。黄瓜瓜色深绿，具有光泽，没有黄色的条纹，瓜把较短，刺瘤白而较密，没有瓜棱，口感很好。此种黄瓜亩产1万千克以上，商品率高。适合在秋冬茬、早春茬和越冬茬的日光温室栽培种植。

7. 鄂皇3号 鄂皇3号黄瓜是黄石市蔬菜科学研究院培育而成的一种新的杂交品种。此瓜的植株生长旺盛，分支弱，节间短，瓜条呈顺直的圆柱形，以主蔓结瓜为主。瓜把又粗又短，心腔小，瓜棱较浅，刺瘤稀疏，瓜肉厚，口味良好，质脆香浓。单个瓜重260～300克，耐弱光和寒冷，栽培时间短，极早熟。亩产为4500～5600千克，适合长江流域地区春季和秋季大棚栽培种植。

8. 川绿1号 川绿1号是由四川省农业科学园艺研究所培育而成的一种华南型黄瓜品种。该品种的植株生长旺盛，茎秆粗壮，节间短，叶片较大，以主蔓结瓜为主，雌花率75%以上，每株黄瓜可以坐瓜2～4条，连续结瓜的能力很强。瓜条顺直，绿色，具有光泽，瓜把较短，刺瘤稀少，早熟，品质好。抗白粉病、枯萎病和霜霉病。栽培期短，亩产黄瓜约3800千克，十分适合在四川地区小拱棚或大棚栽培。

9. 瑞光2号 瑞光2号是由北京市农林科学院蔬菜研究中心栽培育成的少刺型全雌黄瓜品种。植株整体生长旺盛，侧枝较多，单株结瓜能力强，持续结瓜的性能好。瓜色深绿，具有光泽，分布均匀，整齐度高，瓜长约24厘米，没有瓜把，刺瘤的数量也很少，味道清香宜口。此种黄瓜品种耐弱光和高热，对真菌和各种细菌的抵抗性都很强，并且一般不易出现畸形瓜。亩产黄瓜约1万千克，适合在华南和华东地区栽培。

10. 吉杂8号 吉杂8号是由吉林省蔬菜研究所培育而成的一种旱地黄瓜类型。这种黄瓜的植株生长势强，分支较弱，叶片宽厚肥大，一般以主蔓结瓜为主，单株结瓜数5条左右。瓜条棒形、白绿色，黑刺稀疏，表面较为光滑。瓜皮较薄，瓜肉较厚，口味清香爽口。高抗枯萎病、炭疽病、细菌性角斑病和霜霉病，商品性好，亩产3000千克以上，适合在内蒙古和东北地区保护地栽培。

11. 龙园绣春　龙园绣春是由黑龙江省农业科学分院培育而成的一种旱作的黄瓜杂交品种。植株生长旺盛，主蔓和侧蔓都可以结瓜，瓜色白绿，具有光泽，瓜条顺直，长 22 厘米左右，瓜刺较稀疏。黄瓜的瓜质脆嫩，味道清香可口，商品性高。此品种高抗霜霉病和枯萎病，适合在春季露地栽培或保护地栽培。

（二）迷你黄瓜品种

迷你黄瓜又称为小黄瓜、无刺黄瓜、水果黄瓜等，是一种果型较短的黄瓜品种。这种黄瓜的主要品种是京乐品系。

1. 京乐 1 号　京乐 1 号是由北京农乐蔬菜研究中心培育的一种高产、抗病、优质的杂交水果黄瓜品种。植株全雌性，生长旺盛，主蔓和侧蔓都可以结瓜，每个果节可以结多个黄瓜。瓜质鲜美。相对普通黄瓜来说，此种黄瓜的果实较为短小，瓜长 10 ~ 13 厘米。单个瓜重 60 ~ 80 克，亩产 5000 ~ 10000 千克，商品性良好。

这种黄瓜品种的抗病性也十分的强，高抗白粉病、枯萎病、黑星病、角斑病，对弱光和低温也具有一定的适应性。全生育期 40 天左右，是一种较为早熟的水果黄瓜品种。适合露地栽培或早春保护地栽培。

2. 京乐 5 号　京乐 5 号是北京市农乐蔬菜研究中心培育而成的一种高产、优质、高抗的杂交黄瓜新品种。该品种的植株生长势旺，叶片肥大，分枝多，主蔓结瓜为主，结瓜率高。果实呈亮绿色，有棱，兼具光泽，果实长 16 ~ 22 厘米，表面光滑。单个瓜重 80 ~ 100

克，腔小，肉厚，味道甜美，适合生食。亩产黄瓜 1 万千克以上。该品种对细菌性角斑病、枯萎病、白粉病、霜霉病的抵抗力较高，而且较耐低温和弱光。适合早春和秋冬茬保护地、露地栽培。

3. 京乐 168　京乐 168 是由北京农乐蔬菜研究中心经过长期的国际研究和合作，培育出的一种具有高产、优质、高抗病害特征的杂交黄瓜品种。这种黄瓜的长势旺盛，全雌性，叶片粗大，瓜秧的主蔓和侧蔓都可以结瓜，而且一节多瓜。黄瓜的质地脆嫩，味道清甜，瓜长 13 ~15 厘米，重 60 ~70 克，单株产量 3 ~5 千克。这种黄瓜类型较耐白粉病、枯萎病和霜霉病，适合在秋冬茬日光温室栽培。

4. 康德　康德黄瓜是从荷兰瑞克斯旺公司引进的一种新型的杂交黄瓜品种。该黄瓜是孤雌生殖，植株的生长旺盛，瓜条较长，12 ~18 厘米，每节瓜秧可以结黄瓜 1 ~2 个，产量高，味道鲜美，适合生食。品种抗白粉病、霜霉病和结痂病。适合早春、越冬日光温室种植。

5. 春光 2 号　春光 2 号是由我国农业大学采用多种荷兰温室黄瓜品种和我国华北黄瓜培育而成的水果型黄瓜类型。该品种是强雌型的黄瓜类型，植株生长旺盛，结瓜位置以主蔓为主。瓜粗 4 ~5 厘米，瓜长 20 ~22 厘米，瓜型棒状，皮色鲜绿，具有光泽。皮薄，肉厚，表面光滑。吃起来脆嫩爽口。此种黄瓜高产性强，亩产 5000 千克以上，并且可以对抗黑星病、角斑病、枯萎病等多种保护地病害，适合冬春和秋冬茬保护地栽培，但不适合露地栽培。

6. 新世纪　新世纪黄瓜品种是由青岛市农科院蔬菜研究所利用从以色列引进的黄瓜品种培育而成的优质水果黄瓜。这种黄瓜也是强雌型，植株生长旺盛，主蔓和侧蔓都可以结瓜，结瓜数量多。瓜条顺直，生长速度快，瓜皮表面光滑，呈绿色，有少量的青刺，瓜肉味道好。瓜长约 19 厘米，单瓜重约 100 克，亩产 1 万千克以上，商品性好。高抗细菌性角斑病、白粉病、霜霉病、枯萎病，十分适合在春季和秋季的保护地栽培。

除了上面我们介绍的优质黄瓜品种之外，北京 102、北京 203、北京 402、京研迷你黄瓜 1 号、京研迷你黄瓜 2 号、京研秋瓜 1 号、荷兰青瓜、PART-9031、瑞光 1 号、M160 等品种都具有良好的生产性能，适合菜农选择和种植。

第三节　黄瓜种子处理

蔬菜在种植之前一般都要进行种子的处理，经过处理后的种子，所含的致病性细菌更少，发芽率更高，生长速度更快，可以更好地适应种子快速生长的需要。种子处理一般包括晒种、浸种、种子消毒、催芽等过程。

（一）选种和晒种

1. 选种　选种就是对将要种植的种子进行挑选。通过选种可以保证种子的品种特性突出，饱满度、千粒重和发芽率高，无病虫害和杂质，生长旺盛，生命力强。选种的原则是淘汰杂质、带病种、干瘪的种子、破碎的种子和长势不旺的种子。

2. 晒种　晒种的时候要挑选一个阳光较好，没有风的时间，然后将挑选好的种子均匀地平铺在席子上，每过两个小时就翻动一次，使种子都可以均匀地受到阳光的照射。晾晒后可以提高种子的发芽率和发芽势，加速种子出苗，而且高温还可以杀死种子中寄存的细菌和虫卵，防止种子带病。

（二）种子消毒

种子内部或表皮组织都可能会带有致病的病毒、病菌，如果不进行处理就播种，将会影响种子的出芽率和长势。所以首先要给种子消毒。种子消毒是一种十分常用的减轻种子病虫害的措施。

1. 沸水烫种　沸水烫种是一种杀毒彻底，效果显著的种子灭菌方法，适合于南瓜、西瓜、黄瓜、苦瓜等各种具有较厚种皮的种子消毒。先将干燥的种子包在纱布中，然后用细绳系住放在装有80～90℃热水的容器中，然后把热水在两个装水的容器中快速地来回倾倒，促进热气的发散。

2. 温水浸种　温水浸种之前要先把种子泡到开始膨胀，然后再放入55～60℃的热水中，然后要不断地搅拌种子，浸种时间5～15分钟，等到水温下降到20～30℃的时候不再搅拌。

3. 药物消毒　药物消毒的方法分为两种，一种是药剂拌种，一种是药剂浸种。这两种方法都要求掌握溶液的配置浓度和合理的消毒时间，保证可以很好的杀死种子表皮上的致病细菌。另外，在把种子放入药剂中之前，一般都需要浸泡种子4～6小时，药剂浸泡之后也要迅速捞出，用清水冲洗，防止种子病害的发生。

（1）盐类药剂消毒　在用磷酸三钠等盐类药剂消毒的时候，一般先要把种子放在清水中浸泡一定的时间，然后再捞出，浸泡在浓度为10%的磷酸三钠溶液中20～30分钟，最后捞出冲洗。此法可以有效地防治瓜类蔬菜的病毒性疾病。浸泡溶剂也可以换成浓度为2%的氢氧化钠溶液，浸泡时间为10～30分钟，然后捞出洗净，晾晒一天。这种方法可以杀灭种子中的真菌和病毒，分解种皮的油质和黏液，很好地预防炭疽病、角斑病、早疫病和晚疫病。种子细菌性病害的防治一般换用10～30倍氯化钠溶液。

（2）甲醛消毒　用甲醛溶液消毒的时候，使用的一般都是40%的甲醛100～300倍溶液，浸种的时间一般为15～30分钟，浸泡完之后要把种子用湿布包裹，然后放在密闭的容器中闷2～3个小时。

（3）高锰酸钾消毒　用高锰酸钾溶液对种子消毒之前要先把种子放在50℃的热水中浸泡25分钟，然后再浸入浓度为1%的高锰酸钾溶液中泡15分钟，最后用清水把种子冲洗干净。这种方法可以用来杀死种子表皮的病毒和病菌，防止早疫病的发生。

（4）代森铵水剂消毒　清水浸种后，把种子放在50%的代森铵水剂500～800倍溶液中浸泡20～30分钟，然后捞出后用清水冲洗。这种方法可以高效防治蔬菜炭疽病和霜霉病的发生。

（5）多菌灵可湿性粉剂消毒　清水浸种后，把种子放在50%的多菌灵可湿性粉剂500倍溶液中浸泡1～2小时后捞出，然后用清水冲洗。此法可以用于蔬菜白粉病和炭疽病的防治。

（6）甲基硫菌灵可湿性粉剂消毒　把种子用清水浸泡后，放在50%的甲基硫菌灵可湿性粉剂500～1000倍液中浸泡1小时，然后取出再用清水浸泡2～3个小时，捞出晾18小时后播种。此法可以用来预防蔬菜霜霉病和立枯病。

（7）硫酸链霉素可溶性粉剂消毒　将种子用清水浸泡后，再放在72%硫酸链霉素可溶性粉剂300～500倍液中浸泡2～3个小时，然后捞出洗净，此法可以用来防治炭疽病、早疫病、晚疫病和各种细菌性病害。

（8）白酒消毒　把种子用清水浸泡后，按照种子、白酒、水1：0.5：0.5的重量比例进行混合，浸泡种子10分钟，然后捞出用清水冲洗干净。此法可以在促进种子早出芽、提高出苗率的同时起到很好的杀菌作用。

（9）漂白粉消毒　按照种子用量的2%的漂白粉和泥浆混合在

一起（按照每千克种子有效成分为 10% ~20% 计算），泥浆的用量以可以将种子拌匀为度。然后把漂白粉的泥浆和种子混合均匀，放在容器内封存 16 小时，此法可以用来杀灭种子上残存的黑腐病菌，治疗黄瓜枯萎病。

（10）三氯甲烷消毒　把三氯甲烷和白酒按照 1∶4 的比例混合，然后把种子放在混合后的溶液中浸泡，所用的溶液量以可以没过种子为佳。浸泡 10 分钟后，把种子捞出再用洗衣粉浸泡 5 分钟，然后用清水冲洗干净。种子晾 6 小时后才可以播种。由于三氯甲烷有毒，所以混合制液的白酒不可以再饮用。此法可以很好地溶解种子的黏液和果胶，杀灭病菌，促进种子发芽。

（11）硫酸铜溶液消毒　先用清水将种子浸泡 4 ~5 个小时，然后再放入硫酸铜溶液中浸泡 5 分钟，然后用清水冲洗干净。

和药剂浸泡相比，药剂拌种要更加安全可靠。拌种的药剂用量为种子重量的 0.1% ~0.5%，搅拌的时候一定要使药剂和种子混合均匀，保证每粒种子都可以沾上药剂。药剂拌种防治黄瓜猝倒病可以采用 0.2% 的氧化铜粉剂拌种，药剂用量为种子重量的 0.3%；防治黄瓜立枯病可以用 50% 氯萘醌可湿性粉剂或 70% 敌磺钠可湿性粉剂拌种，用量分别是种子重量的 0.2% 和 0.3%。

（三）催芽

1. 催芽方法　把经过浸泡已经充分吸水的种子用麻袋或毛巾等包好，放置在 25 ~28℃的温度条件下进行催芽。催芽时期要每天用清水淘洗种子 1 ~2 次，稍微晾置后继续催芽。并且要注意经常性地检查和翻动种子，使种子保持松散的通气条件，满足种子发芽所需要的氧气供应。当有 75% 的种子破嘴的时候，就可以停止催芽了。

其他某些瓜类种子的休眠性很强，或者种皮很厚，采用以上方法很难达到催芽的效果。对于这种类型的种子，就可以在溶液中加入赤霉素打破种子休眠期，或者用机械的方法磕开种子。在开始催芽之后，如果遇到突发原因需要延迟播种，就可以将催芽温度降低到5～10℃，延后种子的发芽日期。

2. 促芽健壮　为了提高瓜类蔬菜幼苗的抗寒能力，加快幼苗的生长进程，可以对萌动状态的种子进行变温、低温处理。

3. 低温处理　把处于萌动状态的种子放在0℃的低温条件下1～2天，然后再放置在合适的温度中催芽，这就是经常说的“高温催芽，低温炼芽”。

4. 变温处理　变温处理就是将种子放在低温和中高温度环境条件下交替处理的方法。具体步骤是：先将种子放在1～5℃的低温条件下12～18小时，然后再移动到18～22℃的较高温度中放置6～12小时，重复变换温度条件，直到催芽期结束。这种方法可以提高种子对环境的适应性，促进种子后期的苗壮生长，但是在变温的过程中要注意保持种子包布的湿润状态，防止种子脱水。

第四节　黄瓜嫁接技术

嫁接技术曾经只用于果树栽培，现在早已扩大了其使用范围，在蔬菜优良品种栽培时广泛利用。黄瓜嫁接是用其他作物的根代替黄瓜的根的栽培方式，一般选用的都是较耐低温、抗病、亲和力强的南瓜等砧木品种，南瓜的根系十分发达，抗高温和低温，不易受土传疾病的感染，用南瓜根系进行嫁接后，可以提高黄瓜品种的耐低温和抗病能力，使黄瓜的植株健壮地生长，取得早熟高产的效果。

（一）嫁接的品种选择

黄瓜嫁接的主要品种就是黑籽南瓜，南瓜的亩用种量约为1.5千克，南瓜种子在催芽前要在阳光下晾晒1~2天，然后用温水浸泡种子6小时，搓洗3~4次。浸种之后要先在12~14℃的室温条件下晾18小时，使南瓜的种皮变干，然后再用30℃的温水催芽，一般2天就开始出芽。

（二）嫁接方法

1. 靠接法　靠接法要先种植黄瓜，然后第6天再种植南瓜。南瓜要种在营养钵中，钵中放置7成量的营养土，播种2~3天后南瓜开始出苗。等南瓜长到1叶1心的时候开始嫁接。嫁接需要1个竹签或刮脸的刀片作为工具，竹签可以用竹片削制而成。在嫁接的时候，要先用竹签从子叶处将南瓜的生长点去掉，然后再破坏掉两片子叶基部的侧芽，并且用竹签在南瓜生长点0.5厘米的地方向下切划一个占南瓜茎粗一半的斜口。同时，也要在黄瓜的生长点下方1.5厘米的地方向上切一个占黄瓜2/3茎粗的斜口。注意使南瓜和黄瓜切口的斜面长度都为1厘米。然后把两者的切口对插吻合。用专业的嫁接夹夹在斜口的位置，并向营养钵内增放一些床土，盖住黄瓜的根系并浇够水。10天之后用刀片切断黄瓜的根系，拿掉夹子。

2. 断根靠接法　断根靠接法和普通的靠接法工序基本相同，但是要等到南瓜出苗后才播种黄瓜，等南瓜长到1叶1心的时候开始嫁接。黄瓜要在生长点下1厘米的地方，插入南瓜的切口中吻合。然后用嫁接夹夹住或者用地膜条包裹。

3. 水平插接　水平插接法和断根靠接法一样，也是等到南瓜出苗之后才播种黄瓜，等南瓜长到1叶1心的时候去掉南瓜的生长点，然后在南瓜生长点下方0.5厘米的地方用比黄瓜的茎粗的竹签垂直地插穿南瓜的茎，倾斜地露出竹签。在黄瓜苗子叶展平的时候，从生长点下方1～1.5厘米的地方切开30度的斜面，然后把黄瓜切口朝下插入南瓜的茎插接孔中。在挑选黄瓜嫁接的时候，要注意选用粗壮的黄瓜苗，不用徒长的黄瓜秧。

4. 斜插接　斜插接的基本方法和水平插接基本相同，用竹签在南瓜子叶旁边，和茎成45度角的位置倾斜地插一个穿透的孔，然后把展平子叶的黄瓜苗从子叶下1厘米的地方切成30度的斜面，朝下插进南瓜的插孔中。

（三）嫁接后的管理

嫁接后的黄瓜苗最好摆放在温室中较矮的架床上，若摆在地面上，就要铺上稻草，浇透水，然后喷洒800倍百菌清液防止疾病的发生。

在苗上扣小拱棚，使前3天的湿度能达到饱和，即扣棚的第2天的时候棚膜上有水滴出现。一定要注意把薄膜密封严实。在拱棚上盖纸遮光，使前3天秧苗不见光，但要注意开棚检查，切口未对上的重新设置。发现枯萎的黄瓜苗要及时补接。采用各种保温和增温措施使前3天的白天温度达到25～30℃，夜间15～20℃。嫁接后的第4天可以在早晚的时候都让秧苗见光1小时，第5天的时候时间可以增加到2小时，第6天的时候为3小时，第7天就可全见光了。这时要将南瓜子叶上没有去除干净的芽全部拔掉。黄瓜嫁接成活与否与嫁接后的管理具有十分密切的关系，特别是前3天的湿度要达到饱和，不见光。

（四）嫁接注意事项

1. 提早播种　嫁接黄瓜有个缓苗过程，南瓜根系耐低温可以尽早定植，所以要提前10天播种黄瓜，促进黄瓜早熟。

2. 乙烯利处理　嫁接缓苗要求的温度偏高，使黄瓜坐瓜的节位提高，结瓜的数量减少。所以仅需要通过乙烯利的处理来降低黄瓜的坐瓜节位，增加坐瓜数。方法是黄瓜长到1～2片真叶时，用100毫克/千克乙烯利喷洒在黄瓜的枝叶上，然后等一周后再喷洒1次。但是此法不适用于1代杂交黄瓜种。因为它本身的结瓜性很强，处理了反而会出现花打顶现象。

3. 霜霉病生态防治　黄瓜嫁接可以在很大程度上防治黄瓜的枯萎病，但是对霜霉病等其他病害起不到直接高效的防治。故要采取生态防治，采用4段变温管理，创造1个不适宜霜霉病发生的温度和湿度条件，然后再配合喷施药剂进行全方面综合防治。

4. 增施复合肥　嫁接可多年连茬，但往往导致土壤营养比例失调，土壤中营养物质缺乏。为了提高土壤的肥度，可以增施一些复合肥料以及农家肥。可以采用50千克水中加1支叶面宝、0.5千克尿素进行叶面追肥。

第五节　黄瓜灌溉施肥技术

一、黄瓜灌溉技术

1. 黄瓜水分需求特点　由于黄瓜的根系很浅，叶片又很大，所以水分吸收少而蒸腾作用旺盛。黄瓜生长喜湿不耐湿，最适合的空气湿度为70%～90%，土壤相对含水量为85%～95%。黄瓜发芽期需水量为种子重量的40% ~50%，幼苗期相对需水较少，最适土壤含水量为80%左右。需水最多的是开花结果期，适宜的土壤相对含水量为90% ~100%，水分供应不均，易产生畸形瓜。

2. 黄瓜水分调控技术　黄瓜生长期要经常浇水，才可以满足黄瓜生长的需要但是由于黄瓜不耐湿，所以浇水量一定要合理控制。初花期水分管理主要在于“控”，目的是防止茎叶徒长引起“化瓜”。应加强中耕蹲苗，促进根系生长，但控制要适当。结瓜期的水分管理是促苗快长。前期轻促，中期大促，后期微促。主要目的是促进秧苗的生长。根瓜生育期，植株生长量和结瓜数还不多，水分需要不太多，浇水以保持适度即可，但是腰瓜的生育期气温升高，此时黄瓜植株的生长和结瓜都很旺盛，需要的水分含量也就很多。必须增加浇水的次数和供水量，每1 ~2 天浇1 次；顶瓜生育期，植株进入衰老阶段，仍需加强水分的供应管理，可每3 ~7 天浇1 次水，防止黄瓜茎叶早衰，增加黄瓜的产量。

二、黄瓜施肥技术

1. 黄瓜对肥料的需求特点　黄瓜喜肥但不耐肥，对营养的需求较多，黄瓜的根系弱，根系浅，木栓化较早，再生力差，对土壤养分的吸收能力不强，难以承受高浓度的土壤溶液环境。幼苗期的耐肥力最弱，对肥料的浓度十分敏感，必须采取轻施勤施的方法。黄瓜具有选择性吸收的特性，喜硝态氮，只供给铵态氮时，叶色变浓，叶片变小，生长缓慢。黄瓜在定值后的30 天左右对氮素的需求量达到最大，主要是靠叶子吸收。到50 天左右，叶、果吸收养分大致相近，定植70 天大部分养分被果实吸收。

2. 黄瓜施肥技术　黄瓜的虚肥量为每1000 千克黄瓜需磷肥1 千克、钾肥4 千克、氮肥2. 5 千克。黄瓜生长的各个时期都对肥料有需求。定植前，亩施农家肥 4000 千克（或商品有机肥 1500 千克）、三元复合肥 50 千克做基肥。黄瓜进入结瓜初期进行第 1 次追肥，以后可以每隔 7 ~ 10 天追肥 1 次。每亩的施肥量也由 5 千克逐渐增加到 15 千克。苗期追肥可采用叶面肥喷施，生长期还可采用液肥进行灌根处理。

第六节 黄瓜栽培技术

一、露地黄瓜无公害栽培技术

1. 品种选择　秋季正是病虫害发生严重、高温多雨的季节，秋季种植黄瓜一定要挑选耐热、抗湿、高抗病虫害的黄瓜品种。如津研 1 号、津研 2 号、津研 4 号、津研 7 号等。

2. 整地作畦　秋季病害多发，所以在种植地块的选择上一定要选用疏松肥沃，多年没有种植过瓜类作物的田地。前茬作物收获后，施充分腐熟的有机肥 7.5×10^{4} 千克/公顷，翻地不宜太深，以 20 厘米为宜，同时多搅拌，尽可能使肥土混合均匀。整地之后，还要设置排灌水渠，保证灌溉和秋季排水的通畅。然后按宽 1.3 ~ 1.5 米，高 15 ~ 20 厘米做高垄。

3. 合理密植　播种前要对种子进行处理，去除种子中的杂质，测定种子的千粒重和发芽率，保证直播黄瓜的出苗率。直播的时候一定要计算好播种的数量，平均播种量为 3000 ~ 3750 克/公顷。秋黄瓜多播干种子，也可经 55℃温水浸种后，再浸泡 3 ~ 4 小时播种。播种时按预订行距，先要挖开宽 4 厘米，深 3 厘米的播种沟，保证沟底平实。然后按照间隔78厘米的距离点播种子，每次播撒种子2～3粒，最后盖细碎湿土2厘米厚，加盖地膜，地膜上稍加盖物遮阴，2～3天后种子顶土时人工破膜放苗。

4. 精细管理

（1）浇水与中耕　秋黄瓜播种时，如土壤湿润，当天可不浇水，当幼苗顶土时再浇水；如土壤墒情不好，当天就要浇适量的水，要求浇水时顺着沟渠的方向流动，水量以润湿播种沟为宜，防止过量浇水后土壤板结。当幼苗出齐时再浇水1～2次。幼苗出齐后至收根瓜前，尽量少浇水，利用这个时间段来壮秧养根，减少苗期病害的发生。等到浇过齐苗水后，就要及时中耕。中耕深度以2～3厘米为宜，以保墒松土。开始收获根瓜的时候，就要适当地增加浇水的次数和用水量，但是切记不可以采用大水漫灌的方式。可以间隔3～5天浇水1次，浇水要结合当时的天气情况，以保持土壤湿润为准。同时注意早浇、晚浇，切忌中午浇水。黄瓜结瓜后期浇水要减少，并且要在上午浇，适应低温的气候条件。

（2）排水　秋黄瓜前期多雨，为避免涝害及防止疫病发生，从播种开始，要密切注意雨天情况，及时采取排涝措施，保证瓜畦内没有长时间积水。

（3）间苗及定苗　直播的秋季黄瓜一般在子叶展开后第一次间苗，拔除病苗、弱苗和畸形苗。等到第二片真叶展开后，进行第2次间苗，保持株距8厘米。第4片真叶展开平后进行定苗，定苗的标准是每20～22厘米定一株壮苗，留苗6.8×10^4株/公顷。

（4）追肥　秋栽黄瓜生长期正值高温多雨的季节，必须保证幼苗生长的营养供应。在第二次间苗之后就要追施第一次肥。

以后凡遇大雨或连阴雨后，都应追肥。结瓜盛期要做到隔水1肥。每公顷追尿素75～150千克，然后在尿素中加入经过充分腐熟的人畜粪便混合液喷施。

（5）支架与整枝　秋黄瓜定苗后，要及时支架。一般是每苗1杆，扎成“人”字形花架，架高2米左右。秋黄瓜的整枝的目的也是保证主蔓的生长，凡是主蔓基部50厘米以下的侧枝都要清除，保证秧苗通风。其他侧枝可在雌花后留1叶去顶。秋黄瓜要及时绑蔓，约50厘米绑蔓1次。

（6）中耕除草　黄瓜在幼苗期要多次培土中耕，除去田间多余的杂草，保证土壤疏松，但是中耕的深度一般要控制在2~3厘米。结瓜期停止中耕后，如有杂草也需要及早拔除。

（7）收获　秋季黄瓜收获时正值高温多雨的季节，所以在成熟的时候就要及时地收获，保证黄瓜的高产稳收。

二、秋大棚黄瓜无公害栽培技术

1. 品种选择　应选用抗病性强、耐热、丰产性好、生长势强的品种，如津优1号、津春4号、津春5号、津研4号等。

2. 适宜播种期和定植　秋季之后种植大棚黄瓜要注意播种的时期，如果太早会受到高温多雨的气候条件影响，导致多种病害的发生，且上市期与露地黄瓜相遇，价格较低。播种期过晚，则生长后期温度急剧下降，以致产量降低。

秋延后黄瓜的一般采收期为40天左右。育苗期20天左右，幼苗2叶1心时定植。定植应在傍晚进行。可以采用直播的方式，或者露地高垄栽培，适宜的播种密度为大行60厘米，小行40厘米，株距26厘米，亩栽5300株左右。

3. 田间管理　秋延后黄瓜的栽培主要包括前期的高温期管理、中期的温和期管理和后期的低温期管理三个部分。前期处于高温多雨期，应注意防雨防病，通风降温。下雨后及时排水防涝，防止田地积水；天气晴朗的时候又要及时浇水，为瓜苗降温。进入结瓜期之后就要水肥一起施用，肥水要少量多次，防止大水漫灌。在后期（10月中旬以后），温度急剧下降，管理的重点也变成保温防寒。同时，注意定期给瓜秧换气通风，保持很好的通透度，防止过于湿润造成的病害蔓延。后期也可以进行叶面追肥，如用植物动力2003、叶面宝、喷施宝等。

4. 支架与整枝　黄瓜生长到一定阶段后要及时支起“人”字形的花架，一般每颗秧苗支一杆2米的架子。当秧苗长到花架顶部的时候，就可去尖打顶。主蔓基部50厘米以下的侧枝可清除，以利通风，其他侧枝可在雌花后留1叶去顶。

相对来说，秋延后大棚黄瓜栽培的难度更大一点，生长前期要做好抗病、防虫、抗热的管理，后期又要防止棚内温度太低影响秧苗的生长。

因此，生产上要特别注意棚内温湿度的调控，尽可能为秧苗的生长创造舒适的生长条件。如可以在播种前扣棚，撩起四周的薄膜。降低棚内的温度和湿度。9月中旬，气温逐渐下降后，将四周卷起的膜逐步往下放，直到压严薄膜。9月中旬到10月中旬这段时间内，棚内的气温相对适中，十分有利于黄瓜的生长发育。上午和中午坚持通风换气，使棚温有5小时以上保持在25～30℃，夜间逐渐减少通风，使棚温达到15～18℃。只有当外界的温度低于15℃的时候，才可以压严风口。9月下旬的时候，随着气温的逐渐降低，一般要晚放风，早关风，上午棚温达到25℃时放风，下午棚温达25℃时关风，夜间要注意防寒保温。10月中旬气温继续下降，黄瓜容易受到低温环境的影响，此时要注意做好防寒保暖工作。

三、日光温室黄瓜栽培技术

日光温室又称高效节能温室，与加温温室比较，能大幅度地降低黄瓜生产成本；与塑料薄膜大棚栽培相比，能根据需要提前或延后黄瓜种植1个月左右。这是塑料薄膜大棚栽培之后又一种值得大力推广发展的保护地栽培类型。

日光温室栽培技术在黄瓜栽培中占有绝对的优势。只要有足够的技术力量保证，再加上严格的科学的管理手段，就能充分发挥其高效节能的优点。值得注意的是，在秋季利用日光温室条件栽培黄瓜和春季具有更大的环境调节难度。但是用日光温室栽培黄瓜，比大棚能延迟供应1.5个月以上，完全靠保温就能收获到11月下旬，属于节能高效的栽培方式。

1. 品种选择　采用日光温室的方法栽培黄瓜，在黄瓜品种的选择上就要十分注意，要选那些苗期较耐高温，结果期耐低温弱光，花芽分化对日照长度不敏感，较抗白粉病和枯萎病，而且中后期产量很高的优质品种。可以采用的有津杂3号、津研2号、津研4号、津研7号等黄瓜品种。

2. 整地施肥

（1）温室消毒　7月上中旬左右，春茬蔬菜收获完毕之后，立刻清除残枝败叶，深翻土地40厘米晒垡，并撤掉塑料薄膜让其被雨淋透，消灭土壤中潜伏的病虫害。在下次使用时，要换用新的薄膜，并在定植前10天左右，用硫黄加锯末点燃熏蒸消毒，每667平方米温室硫黄和锯末用量各3千克。然后密闭温室两个昼夜，然后打开门窗通风换气。

（2）作畦打垄　直接播种或定植前7～10天，每公顷温室全园撒施75000千克左右优质农家肥，然后深翻25～30厘米，将肥料和泥土搅拌均匀，南北方向做成1.2米宽的高畦或80厘米宽的垄。

3. 适时定植　根据倒茬或占地情况，可育苗栽植，也可以小芽直播。

（1）育苗播种　适当的育苗播种期为8月中旬，在露地扣小拱棚防雨育苗。播种之前要浸泡种子，并催芽。待芽刚一露嘴时，最好放在水井等低温处锻炼2~3天，以利培育壮苗。用营养钵装好营养土，或者和泥切成土方，然后摆上带芽的种子，放上大概一扁指的土，然后浇透水，放于防雨棚中。育苗数应是实际用苗数的1.2~1.3倍，以利保苗。

（2）苗期精细管理　日光温室栽培的黄瓜苗期正值昼夜温差大，日照时间较长的时期，影响雌花的形成，所以要在植株1~3片叶期间喷1~2次乙烯利，浓度为1千克水加100~150毫克乙烯利，可促进花芽分化，增加雌花的数量，防止黄瓜空长苗。苗期要适时通风，防止苗期病害的发生。

（3）直播技术　8月上中旬小芽直播，每埯2~3粒种子，浇透水，封好埯。垄作株距为24~27厘米；畦作一般都栽双行，行距为50厘米，株距为24厘米。

4. 定植或定苗

（1）定植　8月末至9月初定植。定植前选好苗，刨好埯，每埯施5克磷酸二铵用作口肥，摆苗后浇埯水，等到水完全渗入苗田后封埯。也可以采用先开沟摆苗，浇透水后再封埯的方法来防止水分蒸发。

（2）定苗　直播的小苗出土后，1叶1心期要及时间苗，每埯留2株，缺苗的要及时补种或补栽。出苗后要多次进行中耕除草，控制灌溉的时间和次数。在秧苗长到2叶1心的时候每埯留1株定苗，3片叶前喷乙烯利。加强病虫害防治，注意不要烧苗。

5. 田间管理

（1）植株调整　当黄瓜植株长到5～6片叶子的时候就可以进行植株的调整了。可以用竹竿插架，也可以用绳子吊蔓，根瓜以下侧枝全打掉，以上侧枝保留或在瓜前留1～2片叶摘心。等植株长到20多片叶子或者生长点距离棚膜10厘米左右的时候摘心。

（2）肥水管理　育苗的定植缓苗后及时浇缓苗水，直播的定苗后也要浇1次水稳苗。浇水后多次中耕，促进花芽和根系的生长发育，防止茎叶空长。9月上旬以前，光照强、温度高，秧苗生长迅速。浇水虽有降温作用，但容易徒长，而且表土的水分很多，黄瓜的根系很难下扎。这个时期的秧田降温主要依靠定期通风的方式，减少浇水的次数，以不缺水为原则，10多天浇1次水。9月中旬以后随着天气变冷，更要少次多量浇水，控水保温，不提倡少浇水，勤浇水的灌溉方式。在整个生育期，每隔10天左右，叶面喷洒0.3%磷酸二氢钾1次，可推迟植株衰老。在根瓜坐住期、结腰瓜时期和采收后刨坑追肥各1次。

（3）温度管理　栽培前期，加强通风，降温排湿。在夜间气温不低于15℃时昼夜通风。9月上旬以后，随着气温逐渐降低，要适当减小通风口的大小。适宜的晴天日温为25～30℃，夜温不低于12℃，阴天日温20℃，夜温不低于11℃，当夜温低于12℃时，夜间要关闭通风口。天气更冷的时候，夜间就要为棚室加盖草苫和纸被。如果这样仍不能达到保温的需要，就要临时点火加温，否则会减缓生育速度以至于停止生长。

（4）光照管理　黄瓜生长后期天气转凉，日照时间缩短，加上高大的植株之间的遮挡，室内的光照就严重不足。为增强光照，在保温的前提下草苫尽量早揭晚盖；注意保持透明屋面清洁，也可用清水冲洗；后墙张挂反光幕，增强温室内后半部分的光照强度，并且在温室的内部墙壁上涂白来增加反光。

（5）病虫害防治　这个时期主要病虫害是霜霉病、白粉病、枯萎病、菌核病、病毒病及温室白粉虱、蚜虫等，要做好疾病的预防工作。

6. 收获

秋黄瓜栽培目的与春季正好相反，其目的是尽量延长供应期。因此在不影响商品价值的前提下，应该尽可能延后采收，这样不仅满足了黄瓜淡季人们对蔬菜的需求，而且可以提高种植户的经济收益。一般9月末或10月上旬大棚黄瓜拉秧后上市，到11月下旬拉秧，每667平方米可产黄瓜2500千克以上。

四、黄瓜无土高效栽培技术

无土栽培是近年来发展起来的一种新的作物栽培方式，主要是把作物栽培在人工配制的营养液或者岩棉、河沙、蛭石等特殊的物质中，定时定量的供给营养液，促进作物生长和成熟。因为这种栽培方式脱离了传统栽培都需要用到的土壤，所以称为无土栽培。或叫营养液栽培、水培。无土栽培是一项新的栽培技术，发源于美国，虽然历史很短，但是发展十分迅速。目前主要的栽培国家如美国、英国、日本、荷兰等都有相当规模的生产面积。特别是荷兰无土栽培的蔬菜、花卉出口量很大，赚取了大量的外币。

（一）黄瓜无土栽培的特点

1. 克服连作障碍　黄瓜保护地栽培，难以克服多年连作导致的土壤盐渍化、病虫害高发的高产障碍，但是采用无土栽培可彻底解决这一问题。

2. 生产周期短　蔬菜生长快，生长周期短，产量高　无土栽培可依据作物不同生育阶段特点，提供适宜的养分、水分等作物生长的必备条件，只要阳光充足，就可以密植或立体栽培，提高了单位面积的黄瓜产量。

3. 节省肥料和用水　可较精确地定量施肥、供水，既能满足作物各生育阶段的需要，又不浪费，避免了养分、水分的浪费，比传统的栽培方法可以节省水分50%～70%、肥料50%～80%。

4. 产品质量高　无土栽培很少或无土传病害，加上环境条件的综合控制，病虫害发生少，可以少施或不施农药，避免了经常喷洒农药对作物的影响，保证了蔬菜的无公害。

5. 不受地点和空间限制　无土栽培可在盐碱地、土壤严重污染地区或沙漠地区进行，不受地域、空间限制。

6. 改革传统的农艺操作　无土栽培的方法减轻了田地劳作的工作强度，并且可以采用自动化、机械化的生产方式，实现农业生产的现代化和高效化。

（二）无土栽培的类型及方式

无土栽培的材料主要分为固体基质和营养液两种，根据基质材料的不同和营养液供应方式的不同，又分成多种栽培方式。以下介绍5种栽培方式。

1. 沙培法（槽培法）　沙培法是指以沙砾为基质，装入一定容积的栽培槽内，然后定时定量给他浇灌营养液。栽培槽一般长15～20米、宽40～100厘米、高10～15厘米。槽框用砖、水泥板、木板等制成。槽内填基质厚5～10厘米，上面覆盖一层蛭石，用来减少水分的蒸发，防止基质过热。沙培法多用滴灌式或喷洒式的施液方式。一般在栽培槽内上端，建一个营养液罐，经过阀门、过滤器与滴灌设备连接，滴灌设备最好是滴灌带，也可是滴头。然后在栽培槽的另一端，安装一个回液池，用来回收经过排液管流出的营养液。

2. 袋培法　用厚度为0.1毫米的聚乙烯塑料袋，分直立型和扁平型两种：直立型高和直径各为20厘米，每个袋子种植1株黄瓜；扁平型的袋子一般为90厘米×40厘米×8厘米，或100厘米×20厘米×8厘米，每袋种3株黄瓜。塑料袋颜色以复合色、乳白色、银灰色和黑色为宜。袋子的底部要穿一些用来排水的孔。袋培法采用的供液方式为滴灌，一般一株黄瓜用一个滴头，大致的供液流程为营养液→过滤器→主管（直径50毫米）→毛管（直径20毫米）→水阻管（直径4毫米）。

3. 筒培法　筒培法采用的栽培床和槽培法十分类似，一般槽高12～15厘米，宽60～75厘米，然后在槽上放置厚度为0.06～0.08厘米的聚乙烯塑料薄膜加工制作的直径为20厘米或50厘米，长25厘米的塑料薄膜筒。直径20厘米的每筒栽1株，直径50厘米的每筒栽3株。滴浇系统与袋培法相同。

4. 营养液膜系统栽培　营养液膜系统在栽培技术上是一种十分先进的水培技术，一般由营养液贮液池、栽培床、泵、管道系统和调控系统构成。营养液在泵的驱动下从贮液池流出，经过栽培床，在栽培床上形成深为0.5～1厘米的流动营养液膜，为作物的生长提供营养、空气和水分条件，然后剩余的营养液又可以回流到贮液池，形成循环供液系统。其主要由以下部分组成。

（1）栽培床　栽培床（槽）是一种可以让植物的根系和营养液在上面缓慢流动的槽式或床式结构，要求有一定坡度，一般坡度为

1∶80～1∶100。长度以 10 米为宜，最长不超过 30 米。将育苗块或营养钵中的幼苗成行沿着栽培槽进行定值。然后再用水泵把营养液从贮液池经管道扬到栽培槽的上端。营养液缓慢地沿栽培床流经作物根盘底部，再通过管道流回贮液池。

（2）*供液循环系统* 供液循环系统主要由泵和管道组成，水泵一般用 0.5 千瓦密封式耐腐蚀小型水泵就可以了。通过水泵将营养液扬到给水管道（直径 5 厘米），通过滴头将营养液送入栽培床，营养液流经栽培床，通过排水管道，然后流回贮液池。

（3）*贮液池* 贮液池容量设计一般按每平方米栽培床 10 升容积计算，可用砖、水泥砌成，内侧表面应涂沥青或树脂，防止腐蚀，贮液池一般都建造在地下。

5. *岩棉栽培* 岩棉栽培是近几年继荷兰、英国、丹麦、日本等国之后的滴头。后迅速开发普及的一种新式无土栽培技术，具有超过营养液膜栽培技术的许多优点。

岩棉的保水性和透气性比较好。灌注营养液后，含水率为 60%，可保持相当多的营养液。并且可以根据植物生长的需要，及时迅速地为其补充营养液，操作也更方便。

（1）栽培床　栽培床长 10～20 米、宽 30 厘米。栽培床先铺一层乳白色或银灰色或里黑外白的复合塑料薄膜，薄膜上再铺一层无纺布，防止植物的根系穿过，然后放置规格为 90 厘米×20 厘米×7.5 厘米的岩棉板，在岩棉板上放置带苗的岩棉块；最后用铺底的塑料薄膜将无纺布、岩棉板和营养块一起包住。

（2）滴灌循环系统　滴灌循环系统主要是通过贮液池向各个栽培床的固定滴液管内滴液，向岩棉板上洒水，供液时，多余的营养液通过安装在岩棉板底下的排水管聚集到集水池中。集水池中的水泵再将营养液提升到贮液池中，开始下一次循环。

（3）非循环滴灌系统　非循环滴灌系统是在岩棉板上放置有孔的滴灌管或从直径 15～20 毫米的硬质管中分支出滴灌管，一滴滴地定时供给营养液。多余的营养液就从栽培床下的出口排出。

五、黄瓜有机生态型栽培技术

1. 无土育苗　根据栽培计划与当地条件选择适当的播种期，选用耐低温、弱光、高湿的早熟丰产、抗病品种。越冬黄瓜可以在 9 月下旬到 10 月上旬在塑料拱棚中育苗，可以采用营养钵，也可以用育苗盘。按草炭、蛭石为 3∶1 的比例配好基质，每立方米混入腐熟鸡粪 5 千克、蛭石复合肥 0.5 千克，混合均匀后放在营养钵或穴盘内。在种子浸种前先晾晒 1 天，增强种子的发芽势和吸水性。把种子放入 55℃热水中浸泡 10～15 分钟，捞起洗干净，然后放在清水中浸泡 4～6 个小时，然后捞起并用干净的湿布包好。然后放在 25～30℃的温度条件下催芽处理。待大部分种子露白后播种，播后覆盖薄膜浇透水。用穴盘的每穴播 1 粒种子，可以根据营养钵的具体大小决定放入种子的数量，但是钵或盘的下面一定要铺上一层塑料薄膜隔开地面。种子出土后，及时揭去薄膜。播种至出苗期，温度白天保持在28～30℃，夜间保持18～20℃。等子叶出土后，就可以适当地降低温度了。保持白天温度为24～26℃，夜间15～16℃。

播种后至幼苗第一片真叶展开前，每天浇1～2次清水，第一片真叶展开后浇0.2%三元复合肥溶液，要控制此时浇水的量，防止植株空长。在秧苗定植前7～10天的时候要多给小拱棚通风，用低温环境锻炼秧苗，直至揭除小拱棚薄膜。温度以白天20～24℃、夜间10～12℃为宜，整个育苗过程的地温都要保持在15℃左右，同时加强对病虫害的防治工作。

2. 定植　当株高8～10厘米、茎粗0.6厘米以上、展开3～4片真叶后，子叶健壮齐全，根系发达，就可以定植了。先将槽内的基质翻整均匀，然后浇水灌溉，保证基质吸足了水分，然后在水分渗入基质内部后按每槽2行、株距25厘米定植。每667平方米定植3500株左右，定植时挖穴将苗坨埋在基质里面，使基质的高度稍微超过苗坨，然后浇小水灌溉。

3. 栽培管理

（1）肥水管理　黄瓜有机生态型栽培管理与日光温室土壤栽培基本相同，不同之处是有机生态型栽培管理重点在于水肥的管理。秧苗定植前要浇透水，定植后还要用70%的敌磺钠可溶性粉剂700倍液浇足定根水。定植7天后浇1次缓苗水，以后根据植株长势、基质和气候变化，确定具体的浇水量和浇水时间，一般浇水时间间隔为5～7天。选择在晴朗的上午滴灌，每次滴灌时间为10～20分钟，阴天可视具体情况少浇或不浇，以免造成湿度过大，诱发病虫害。

一般秧苗定植后20天开始施肥，后期一般每10天后施用一次肥料。可以按照每株20克的标准施用复合肥，或每次施混合肥5～10千克每立方米，以发酵消毒鸡粪与复合肥按照2∶1比例混合，在两植株之间穴施。各个时期的用肥量也各不相同，一般开花前施肥量稍少，开花结瓜后施肥量稍多。坐瓜后每次追施专用复合肥30克/株，也可每667平方米每次用腐熟消毒的鸡粪250千克，三元复合肥20千克，施肥时将肥料撒在距离根系5厘米的地方，让肥料自己随水分渗入到基质中去。肥料也可以混合后施用在基质中，但是要注意避开植物的根部，防止根部的损伤。

施肥要在采收结束前5天停止。同时在瓜苗定植到至黄瓜采收结束前这一段时间内，每隔1周就在叶面喷施1次0.3%～0.5%磷酸二氢钾溶液。适量地追施二氧化碳气肥也可以起到提高黄瓜产量的目的。

（2）温度、光照管理　定植后闭棚升温促缓苗。缓苗后气温白天保持在25～30℃，夜间保持在10～15℃。结瓜期要采用四段变温管理的方法，这样既可以适应黄瓜生长发育的需要，又可以通过温度的适当调节来防治疾病。这一时期要求气温白天上午保持在25～28℃，超过30%时通风；下午保持在22～25℃，当外界气温下降到20℃时关闭大棚。大棚内的温度也要进行调控，要求前半夜要保持在15～17℃；后半夜保持在8～10℃。棚膜应选用透光性好的优质无滴膜，并且要每天都清洁棚膜，争取1天8小时的光照时间。即使是在阴雨天也要争取散射光的照射。

（3）植株调整　黄瓜多以主蔓结瓜为主。植株长至7～8片真叶后，用塑料绳，一头挂在温室上面的铁丝上，另一头挂在黄瓜真叶下面的茎部，并且定期把藤蔓缠绕在绳子上，保证黄瓜向上生长。用单蔓盘蔓整枝法，把主蔓上的侧蔓全部摘除，当主蔓生长越过铁丝，影响人为管理操作时应进行盘蔓。每次都要摘掉植株下端的老叶子4~5片，然后把吊绳的下面解开，让主蔓向下落约50厘米。并将下落的主蔓回盘到槽面，再重新绑好吊绳。植株整个生长期间共盘蔓3~5次，使植株保持固定的高度，增加植株整体的通风透光性，并摘掉所有的黄叶和卷叶。

第二章 西葫芦生产技术

第一节 西葫芦的生物学特点

1. 根 西葫芦的根系比黄瓜强大，主根群分布在15～20厘米土层中，根群水平分布范围较广。

2. 茎 西葫芦的茎中空，茎的长短因品种的不同而异，茎节容易着生出不定根。矮生的西葫芦茎短，节间也短。蔓生类型的分枝能力很强。

3. 叶　西葫芦叶片较大，叶柄中空，无托叶。叶缘缺刻深，有裂片。叶面上长有较硬的刺毛，这使西葫芦的抗旱性和耐贫瘠性都很好。

4. 花　西葫芦为雌雄同株异花。花着生于叶腋。花黄色，子房下位。雌花着生节位和数量因品种和环境条件的不同而发生变化。早熟的西葫芦品种在第 2 ~ 3 节就着生雌花，晚熟种在第 6 ~ 7 节位着生，夜间温度低，短日照有利雌花形成。

5. 果实　西葫芦的果实是筒形或长筒形的，果实的大小、性状和颜色都因品种而异。

6. 种子　扁平黄褐色，株柄痕呈水平状、千粒重 200 克左右，种子寿命约 5 年。

第二节　西葫芦品种

1. 京葫十二号　京葫十二号是属于中早熟的葫芦品种，植株半开展，生长形势旺盛。对低温、弱光和寒冷的抵御能力都很好连续结瓜能力强，产量高。果实为浅绿细花纹，长筒形，长 22 ~ 25 厘米，横径 5 ~ 6 厘米，光泽亮丽，商品性好。十分适合在地区早春大棚和冬季温室栽培，南方地区春、冬露地栽培。

2. 长青 1 号　长青 1 号极早熟一代杂交种，播种后 35 ~ 37 天可采摘 250 克以上的商品瓜。属短蔓直立型品种，黄瓜植株的生长旺盛，主蔓结瓜，瓜呈长筒形，皮上有淡绿色的网状花纹，粗细均匀，十分美观。商品性、丰产性好。雌花多，瓜码密，连续结瓜能力强，每 667 平方米产量 5000 千克以上。

3. 长绿　长绿属于早熟的杂交品种，一般 40 天左右就可以收获。植株是典型的矮秧开放类型，长势旺盛，抗病毒性和抗逆性都非常强。雌花多，瓜码密，一株可同时结3～4个瓜，每667平方米产量达6000千克以上。瓜形为长棒状，瓜皮绿色，表面光滑。肉质鲜脆，营养丰富。

4. 寒玉　寒玉是特早熟一代杂交种，主蔓5～6节开始结瓜，播种后35天即可采收商品瓜。属矮生类型，植株生长旺盛，瓜码紧密，瓜为长柱形，25～27厘米，瓜皮浅绿色，具有光泽，瓜的抗寒和抗病性都非常好，弱光下也不容易产生畸形瓜。生长后期不容易早衰，商品性好。一般每667平方米产量6000千克以上。日光温室长季节栽培每667平方米产量达16000千克左右。

5. 冬秀　冬秀属于中早熟的杂交品种。根系发达，植株粗壮，生长迅速，瓜码密，连续结瓜性好。瓜皮翠绿色，瓜长22～24厘米，横径6～7厘米，长柱形，瓜条粗细均匀，光泽度好。产量高，适合在北方冬季温室栽培。

6. 翡翠2号　翡翠2号是杂交种。特早熟，高耐病毒病。长势中上，茎蔓中等长度。瓜码密，连续坐瓜能力强。瓜为长柱形，顺直均匀，外皮呈浅绿色，光滑亮丽，耐热和耐寒性都非常好，不易早衰，产量客观，适合北方地区春大棚、春露地及高海拔地区越夏露地种植。

7. 华玉　华玉西葫芦植株生长旺盛，株型美观，坐瓜能力强，瓜条顺直，色泽翠绿，长22～24厘米，极早熟，抗早衰。出苗至采收商品瓜40天左右，单株采收鲜瓜15个以上，耐白粉病和灰霉病。适宜大棚早春和露地栽培。

8. 美葫39号　美葫39号是由国外引进的一种早熟的杂交西葫芦品种，果实长柱形，长20～22厘米，瓜皮淡绿色，平均单瓜重0.5千克，最大的可达1千克。结瓜能力强，膨瓜速度快，产量高。

瓜条大小均匀一致，外形美观，商品性好，适合秋季和春季栽培。

9. 翠玉2号　翠玉2号早熟。瓜色翠绿，有光泽，圆柱形，长25～27厘米，横径7～8厘米，外形美观，植株根系旺，生长迅速，结瓜能力强，耐寒，抗病，易坐瓜，畸形瓜概率小。后期不易早衰，产量高，采收期长，平均单株坐瓜26个以上。

10. 冬圣2号　冬圣2号早熟品种根系发达，生长旺盛，容易坐瓜，并且连续结瓜能力强。瓜形圆柱形，长25～27厘米，瓜色翠绿，外形美观，商品性极佳。抗病性强，耐寒性强，低温期不易出现畸形瓜。平均每株秧苗可以坐瓜30个以上，产量高，采收期长达150天以上。

11. 绿湖2号　绿湖2号早熟，瓜色翠绿，有光泽，瓜呈圆柱形，长25～27厘米，横径7～8厘米，外形美观，商品性好，植株生长旺盛，易坐瓜，抗寒和抗病性好，畸形瓜率低，后期不易早衰，产量好。采收期可达150天以上，平均单株坐瓜26个以上。

12. 中葫1号　中葫1号的植株生长旺盛，主蔓结瓜，坐瓜多，节成性好，瓜形为棒状，瓜皮浅绿色，早熟性好。以嫩瓜食用为主，采收标准单瓜重150～200克。品质优良，营养丰富，尤其是铁离子和胡萝卜素的含量要高于其他的西葫芦品种。适合在各地露地早熟栽培和保护地栽培。

13. 中葫2号　中葫2号又叫水果型西葫芦或称黄香蕉西葫芦。生长势较强，主蔓结瓜，侧枝稀少。瓜皮金黄色，瓜形长棒状，形似香蕉。可以生吃，以收获嫩瓜出售为主，适合各地露地栽培和保护地栽培。

14. 中葫3号　中葫3号属于早熟品种，生长势较强，主蔓结瓜，节成性好，抗逆性好，前期产量高。瓜呈长柱状，有棱，瓜皮颜色白亮，生吃又脆又嫩，口感上佳，可以贮存。每亩产量约为5000千克，适合露地栽培和在保护地栽培。

15. 金皮西葫芦　金皮西葫芦又叫黄金屋，早熟。直立生长，适宜冬、春季保护地栽培。瓜皮为金黄色，表皮平滑，色泽明亮，单瓜长约25厘米，重250～300克，肉质鲜脆，口味独特，商品性好。一般种子后50～55天即可采收。

第三节　西葫芦嫁接技术

（一）砧木和接穗的选择

嫁接的时候要首先选择好嫁接要用的砧木，一般要用南砧一号、黑籽南瓜或壮士、仁武、共荣、勇士等砧用南瓜品种。接穗西葫芦根据栽培茬次选择相适应的类型和良种。秋冬茬西葫芦栽培时要选用抗病毒能力强，耐热性好的中熟或晚熟品种。越冬茬栽培选用耐低温性强，在低温条件下结瓜率高的中熟和早熟半蔓性类型优良品种。冬春茬和早春茬选用生长速度快，苗期耐寒性特别强的早熟和极早熟的品种。

（二）适宜播种期

秋冬茬、越冬茬、冬春茬西葫芦适宜播种期分别为9月下旬、11月上旬和12月中旬。越冬茬播种期也可提早至10月中下旬。

（三）播种

播种标准是每亩地1～1.2千克西葫芦种子，2.5千克南瓜种子。首先要将黑籽南瓜种子放在太阳下暴晒几小时，然后放入65℃的热水中浸种，不停地搅动，直到水温降至25℃时，搓掉种皮上的黏液，再放在30～35℃的温水中浸泡8～12小时，捞出之后放在经过消毒的湿润纱布袋中，外包一层布后，置于28～30℃的环境中进行催芽。将晒过的西葫芦种子放入55～60℃的热水中浸泡，直到水温下降到25℃时捞出，浸泡的过程中要不断地搅拌，然后用手搓掉种子上的黏液，再换上30～35℃的温水浸泡8小时后捞出，与已催芽的砧用南瓜种子同时播入各自苗床。播种前要把苗床用水浸透，当水分全部渗入到苗床中时，将种子播在各自的苗床上，南瓜的播种间距为5厘米，西葫芦的播种距离为2.5～3厘米。播种后先喷洒72.2%霜霉威盐酸盐水剂1000倍液，用来预防苗期的猝倒病。

（四）嫁接

播种之后，要静待作物生长，当秧苗有2/3的幼苗出土的时候，就要撤掉地膜，通风炼苗，促使幼苗健壮。当黑籽南瓜幼苗露出1片真叶，西葫芦幼苗的子叶接近平展而未露真叶时，就可以开始嫁接了。

1. *靠接法* 取出要用到的砧木苗和接穗苗，首先要将南瓜砧木的顶心去掉：用刀片在南瓜子叶下方1厘米的地方由上而下斜切一刀，深为茎粗的3/5，从西葫芦苗子叶下面1.5～2厘米处由下而上斜切一刀，深度为茎秆粗度的4/5，然后把两颗苗的切口对齐，夹上固定用的嫁接夹。然后按照15厘米×15厘米的行株距、挖深5厘米的沟浇水，坐水栽植，水渗后覆土，覆土时不要埋住嫁接夹，边栽边盖拱棚，保温保湿。

2. 插接法　采用插接法嫁接时要注意两种秧苗的播种时间的差别，一般要先种南瓜，5天以后再播西葫芦，南瓜真叶出现，西葫芦子叶展开时，选择大小适中的秧苗于晴天上午进行嫁接。嫁接的时候要保持大棚内的温度在25～30℃，相对湿度高达90%以上，然后取出南瓜苗，用剃须刀片将其真叶和生长点剔掉；再用与西葫芦下胚轴粗细相近的竹签，从南瓜苗两片子叶间基部与下胚轴的结合部向下呈45°角斜插，保证孔的深度为0.5～0.7厘米，以上操作要一次完成。插孔后暂不拔出竹签；取出西葫芦苗，用剃须刀片在子叶下0.5厘米处向下呈45°角斜削，削成长0.5～0.7厘米，角度适中对等的双斜面，以上操作要用两刀完成。然后把南瓜苗上的竹签拔出，迅速将西葫芦双斜面准确斜插入南瓜苗孔内，使西葫芦和南瓜的子叶错开，即呈“十”字状插接，然后按照株距和行距均为12厘米的密度放置在苗畦内，一边移栽，一边扣上棚膜，浇足底水后封严小拱棚。

（五）嫁接苗的管理

嫁接苗要尽量保持高温高湿，嫁接苗移入畦后浇足底水，使小拱棚内空气相对湿度达85%～90%，连续保持3～5天，这时大棚内的空气相对湿度逐渐由60%下降到85%，等到嫁接苗的伤口愈合后及时补充水分。前1～3天，不见阳光，4～7天，半天遮光，中午以叶片不萎蔫为准，发现植株萎蔫的时候要及时地遮光，等到7天之后才可以逐步地拿掉遮光的材料，等到第9～10天的时候才可以把西葫芦的根剪断，拔除，当西葫芦长到有3～4片真叶的时候，就要开始移栽定植。从嫁接至伤口愈合，需要7～10天，此时要求昼温25～30℃。嫁接5～6天后小通风，逐渐降低室内温度，10天以后增加通风，进入日常管理阶段。定植前7天开始低温炼苗。

第四节 西葫芦栽培技术

一、西葫芦春季露地栽培技术

1. 播种　吉林省春季露地西葫芦播种期，一般为4月中旬。在塑料薄膜或温床中催芽育苗后，在苗床中播种。

2. 整地施肥　定植前，每公顷施优质有机肥15000～30000千克，深翻后，整细耙平，做成60厘米宽的垄，并镇压保墒。

3. 适时定植　吉林省一般在5月中旬的时候开始定植，定植的时间选择在晴好的上午，按照60～70厘米的株距定植，健壮的秧苗可以带土沱栽植，每埯施0.5千克有机肥作口肥。要浇透定植水，封好埯。

4. 田间管理　缓苗后就应中耕除草，以利提高地温，促发新根。在封垄前铲趟2～3次。

5. 肥水管理　植株刚刚开始缓苗的时候，就要注意加强水肥管理，要浇水缓苗，增施一些肥料，具体的追肥方法是2株间刨坑，每株施硝酸铵15～20克或腐熟人粪尿0.5～1.0千克，施肥后趟土并随即灌水。

当根瓜坐好以后，就要浇水催瓜，促瓜快长。由于坐根瓜的时候气温较高，日常的蒸发和蒸腾作用比较旺盛，所以需水需肥量也就更多。其他如授粉与蘸花等，与“春季早熟栽培”相似。

二、西葫芦露地晚熟栽培技术

西葫芦露地晚熟栽培与春季栽培主要不同之处，就是不育成苗，而是育小苗或露地直播、栽培的季节更晚，其他管理没有什么特殊的地方。

1. 整地施肥　施足底肥，精细整地，作成60厘米宽的垄。

2. 育小苗直播　育小苗直播宜选用晚熟种育小苗在4月中旬至4月下旬催芽播种，间隔2～3厘米平摆于装有湿沙的育苗盘中，等植株的子叶伸展平整的时候就可以定苗了，苗龄一般为10天左右，定苗时间通常为于4月下旬至5月上旬，株距3.2厘米左右如遇寒流侵袭，可用熏烟防冻，也可用细土把苗盖上，待天气转暖后再把土扒开，也可以在5月下旬到6月下旬的时候催芽直播，对于墒情不好的田地，可以改用干种直播的方式。每埯2～3粒，株距68厘米左右。每公顷用种量7.5千克。

3. 定苗、间秧　直播栽培的当幼苗长出2～3片真叶时，选留健壮植株每埯定苗1株。

采用育小苗栽培方式的，在采下第一个瓜的时候，就要每隔1株拔除1棵秧苗，保证农田通风透气。

4. 中耕除草　幼苗出土或缓苗后，就可以开始铲蹚。在封垄前进行3铲3蹚。后期不便铲蹚时，可以拔除大草。

5. 植株调整

（1）整枝压蔓　保留主蔓，除掉所有的侧枝，当主蔓长到一定高度的时候，每隔4～5个茎节压在土里，这样可以产生不定根，增加吸收面积，有利于通风透光，便于操作管理。

（2）压蔓返青　为了延长作物的采收时间，可以在7月下旬，采摘了3个瓜后就减掉植株上干枯的枝叶和基部的叶片，在其节下挖直径30厘米、深15厘米的土坑，施入1.0～1.5千克有机肥。和土混合均匀，然后将这个地方的茎蔓等压在坑里，让植株可以凭借新长出来的根系生长发育，再多结一些瓜。

第三章 丝瓜生产技术

第一节 丝瓜的生物学特性

丝瓜又叫天罗，原产东印度，我国南方栽培极为普遍。嫩瓜食用，老熟后皮下纤维发达，不可以食用，但是可以药用或者作为海绵的替代物。因为嫩丝瓜的味道清甜，质地脆，在炎热的季节作汤食或炒食风味颇佳，为夏秋季优良蔬菜之一。

葫芦科丝瓜属的一年生蔓性植物。茎细长四棱，长达 8 ~ 10 米，单叶互生圆心形，掌状分裂或者不分裂，花呈黄色，雌花单生，雌雄花同株，果实呈圆筒状，长棒形，长短随品种而异，一般 33 ~ 200 厘米，肉厚。种子扁平而光滑、黑色或白色。

丝瓜性喜高温潮润，耐热耐湿、极不耐寒，生长最适温度为 18 ~ 24℃，要求有机质丰富保水力好的黏壤土，所以大多在低洼的地势种植。丝瓜生长对养分的需求很多，尤其是在生殖生长期，要求肥水充足，才能结果良好，肉嫩高产。丝瓜属短日照植物，高温短日照生长发育快。

第二节 丝瓜品种

丝瓜的种植历史悠久，大约有600多年。经过不断的栽培与改良育种，逐渐发展成为一种可以适合在各地栽培的蔬菜品种。名优品种如江蔬一号、雅绿一号、美菱、三喜等。只有了解了各个品种之间的差异，并结合生产种植中的实际情况，才能更好地因地制宜地栽培和种植丝瓜，为菜农赢得更高的经济效益。

1. 江蔬一号　江蔬一号是江苏地方品种，是长棒形丝瓜一代杂种。它是由耐低温、雌花发育早、结果能力高的丝瓜母本和结瓜块与品质优的丝瓜父本杂交而成的。该品种大多为主蔓结瓜，连续结瓜能力强，肥水充足的前提下可同时坐果3～4条。早春气温较低时，一般花后10天左右就可以采收了，盛果期的时候可以在开花后6～7天的时候收获。瓜为长棒形，上下粗细匀称；瓜皮绿色，较光滑；瓜面有绿色条纹，色泽好；前期瓜的长度为30～40厘米，盛果期的果长45～55厘米，结果后期的果长40～50厘米，前期瓜直径在3.5～4厘米，盛果期在4～4.5厘米，后期在4厘米左右。单瓜重200～400克，大的可达450克。

瓜肉绿白色，肉质细嫩，口感良好，适合商品化种植，亩产约为5000千克。

2. 早杂一号　早杂一号丝瓜是一代杂交种。商品瓜长圆柱形，长38～48厘米，直径7～10厘米；瓜皮绿色，瓜面有小皱纹，披白霜，皮薄，纤维少，肉厚，柔软有弹性，味甜；耐储运；单瓜重450克左右，每亩可产瓜5500千克以上，播种后60天左右就可以采收，是一种极早熟的品种。开花至商品瓜成熟约需10天，持续采收期60～70天。该品种抗逆性强，耐热、耐涝、耐瘠薄，栽培以排水和灌溉方便，土壤深厚肥沃为佳。

3. 雅绿一号　雅绿一号是优质、高产的夏丝瓜品种。该丝瓜叶小、绿色，以主蔓结果为主，连续结果力强，坐果多，主蔓第一雌花节位，在3月份播种，瓜节有6～10个，采收期为40～50天，在5～7月播种为20～22节，从播种到初收约35天。该品种对短日照要求不严格，夏季播种也能较早开花结果；坐果率高，连续结果的能力很强，果实约为60厘米长，呈长棒形，单个果重约0.4千克，果色绿，棱墨绿，棱沟浅，瓜条匀称、外观好，味清甜，商品价值高。一般每667平方米产2000～2500千克。

4. 雅绿二号　雅绿二号丝瓜也是一种十分早熟的栽培瓜种，瓜长约55厘米，瓜形匀称，肉质细嫩，适合春秋季种植，商品价值很高。

5. 胖头丝瓜　胖头丝瓜又叫牛皮皱丝瓜或合川丝瓜，中晚熟。第一雌花生于主蔓15～16节。瓜皮绿色，并带有深绿色的条纹，瓜呈圆筒形，长25～30厘米，横径5厘米左右，单瓜重300～400克，瓜肉厚，品质好。不易老，采收期长，产量高。

6. 平安丝瓜　平安丝瓜是一种棱丝形的短日照早熟瓜种，具有很好的耐湿、耐低温和抗病毒能力。生长性强，在秋冬季播种栽培时，着果力强，易丰产。果皮为绿色，果实横径4.5~5厘米，果实长约35厘米，产量表现十分稳定。

7. 三喜　本品种属于早熟型有棱丝瓜，茎蔓较细。在长日照时期也可以开花结果，但是相对短日照时期所结的瓜要少一些。常连续数节着果，产量很高。果肩部较粗，果实横径4.4~5厘米，果长30~45厘米，果重250~300克。瓜肉色为白绿色，品质优异，商品性极佳。

8. 美菱　早熟型品种，植株生长健壮，雌花发生多且早，常连续数节着果。果型长，果横径5厘米左右，果长50厘米左右，果色翠绿可爱，果肉质地细腻，口味独特，果重约450克，短日照要求不高，夏季仍有良好的坐果率，但因为坐果期长，施用基肥必须充足恰当。

9. 棒槌丝瓜　此品种是一种在全国各地均有栽培的丝瓜品种。植株生长十分旺盛，叶片深绿色，背面灰绿色。瓜条棍棒形，基部略圆，上端渐细。长40厘米左右，粗3~4厘米，瓜皮绿色，表面有10条左右浅绿色线状突起。瓜肉为白绿色的，肉质细嫩，品质优良，单瓜重约250克，而且坐果率高，产量颇丰。

10. 肉丝瓜　肉丝瓜中熟，第一雌花生于主蔓13~15节。果实短圆柱形，表皮绿色微皱，有灰绿色茸毛，瓜长24厘米左右，横径6厘米左右，单瓜重400克左右，肉质疏松，味微甜。

11. 线丝瓜　线丝瓜是一种原产于南方的丝瓜品种，后来北方也开始种植。瓜形细长，呈棒状，中下部渐粗，瓜长75~95厘米；横径平均3厘米左右。单瓜重250克左右。瓜皮绿色，有皱褶和纵条纹。瓜肉为绿白色，肉质鲜嫩，纤维较少，品质优异。这种丝瓜属于晚熟的品种，耐热，抗病虫害能力强。坐果率高，果实生长迅速。

12. 棱角丝瓜　植株生长旺盛。第一雌花节位在 6～7 节，侧蔓结瓜早。叶片颜色浓绿，性状似掌状的五角形，叶面光滑没有绒毛，瓜为长棒形，基部细，前端较粗，瓜皮绿色，皮质较硬，棱角 8～10 条，为纵向棱。瓜肉白色，肉质柔嫩多汁，有清香味，品质好。棱角丝瓜耐湿、耐寒、耐热，适合在南方夏、秋季节栽培种植。

第三节　丝瓜田间管理

一、苗期管理

出土前，苗床内要保持温度 25～30℃，以利出苗。苗子顶土和出土后，及时覆土 2 次，厚度各为 3 毫米和 7 毫米，避免戴帽出土。出土后保持温度 20～25℃。

拔掉杂草，光照弱的时候要尽早揭开草苫，保证大棚内适量的光照强度。水分管理要适期适度，以培养适龄壮苗。待苗长到3~4片叶时，开始于定植前降温控水，锻炼秧苗。

二、适时定植

1. 整地施肥　深翻30厘米，基肥施优质农家肥每公顷50000千克左右。基肥可撒施也可沟施。耙细整平，做成高度为1.2米的菜畦，然后用地膜覆盖，注意观察土壤的情况，缺水时要及时浇水灌溉。

2. 定植密度　1畦双行，株距35厘米左右。

3. 定植时期　10厘米土壤层温度稳定在13~15℃时，在5月末6月初定植。

4. 定植方法　在定植穴内施5克磷酸二胺口肥，选择生长健壮的幼苗，移栽到定植穴内，注意要让幼苗多带一些土，浇透埯水，水渗下后严密封埯。

三、田间管理

1. 植株调整　缓苗水浇后，及时用竹竿支起“人”字形架，架要稳固。绑蔓上架。庭院栽培可直接爬蔓上篱笆，也可搭棚架兼作庭院美化。丝瓜虽然主蔓和侧蔓都可以结瓜，但是一般以主蔓优先，主蔓结果之前要打掉侧蔓，保证主蔓生长的水肥需求。

2. 中耕除草　未封垄前，瓜苗长势旺，要及时除草。未覆地膜栽培的，缓苗后多次中耕松土，有利提高地温，促进根系发展。

3. 肥水管理　丝瓜虽然具有一定的抗旱能力，但是潮湿适度的气候和土壤条件，才可以促进丝瓜的快速生长。结果期需肥水量更大。

缓苗后及时浇透缓苗水，坐果前适当控水蹲苗，进入结果期看天、看地、看苗浇水，保证土壤见干见湿，大雨后及时排水。等到丝瓜坐稳的时候，就要追肥了。一般每公顷要用磷酸二胺225～300千克，或稀大粪7500千克左右，追肥后要及时灌溉。

第四节 丝瓜水肥管理

一、丝瓜水分调控技术

幼苗期应保持土壤见干见湿，生长前期应保持土壤湿润，植株开花结瓜期间，需水最多，根系吸水能力也较强，需加强灌溉。丝瓜既需水，但是也十分怕积水，在灌溉的时候，要避免采用大水漫灌的方式，而且在灌溉完之后要及时排出积水。尤其是在雨天，注意排水，以防畦面积水。

春丝瓜前期的气温较低，必须浇水，但是在时间的选择上则是以晴天为主，确保丝瓜有合适的生长温度。夏季和秋季，由于气温高，耗水量大，苗期要勤浇水，晴天早、晚各1次。开花结瓜期可采用灌溉或畦沟浸水等方法保持土壤湿润，但水面不能高于畦面，灌溉达到使畦内土壤湿润的程度后，就要立即排水，暴雨时期也要做好防水和排水工作。对于高畦深坑栽培的，沟内可保持一定水量，但水面要在畦面的20厘米以下。

二、丝瓜施肥技术

1. *丝瓜需肥特点* 丝瓜的根系发达，而且具有十分强大的再生能力，结瓜量大，但是丝瓜的根系分布浅，其吸肥、耐肥力弱，要求土壤疏松肥沃，富含有机质。每生产1000千克丝瓜，需从土壤中吸取氮1.9～2.7千克、五氧化二磷0.8～0.9千克，氧化钾3.5～4.0千克，在丝瓜定值后30天时间内，其对氮肥的吸收呈直线上升趋势，到生长中期，吸氮最多。进入生殖生长期，对磷的需要量剧增，而对氮的需要量略减。结瓜期前根和叶对营养物质的吸收较多，其他器官大多生长缓慢，养分主要是供给抽蔓和花芽分化的需要。进入结瓜期后，植株的生长量显著增加，到结瓜盛期达到最大值，在结瓜盛期内，丝瓜吸收的氮、磷、钾量分别可以占到吸收总量的50%、47%和48%左右。但是结瓜后期养分吸收量减少，其中以氮、钾减少较为明显。

2. 丝瓜施肥技术　结合整地施足基肥，每667平方米施腐熟优质有机肥3000～5000千克或饼肥100千克、复合肥100千克、优质鸡粪1500千克。定值之后要及时追肥，可早施提苗肥2～3次，第一次提苗肥于缓苗后进行，隔7～10天追肥1次，每次每667平方米追施优质腐熟粪尿肥100～150千克，然后浇水，满足幼苗生长发育对水肥的需求。但是要注意避免氮肥偏施。通常在坐瓜后加强追肥，开花初期或第一个瓜坐稳后，进行追肥，可在距根部两侧各30厘米左右穴施，每667平方米施腐熟的人、畜粪肥2500～3000千克，或尿素15千克、复合肥15千克混施，浸泡3天的饼肥50千克、三元复合肥20千克或尿素25千克。结瓜盛期每10天左右追肥1次，每次每667平方米追施腐熟人粪尿200～300千克，或三元复合肥25～30千克。之后每采收2次瓜，就要施肥1次，浇水1次。每亩施肥用量为尿素18千克。还可根外喷施0.3%磷酸二氢钾溶液。春丝瓜在第一雌花出现时，第一次追肥，采收1～2次瓜后，再追肥1次，每次每亩施用腐熟的鸡粪、猪粪肥400～500千克或三元复合肥约40千克，以后根据植株的生势情况，进行追肥。结瓜期，营养生长与生殖生长同时进行，需肥量增加，每隔5～7天追施速效化肥如碳酸氢铵、过磷酸钙、硫酸铵等1次，每次用量5千克，延长结瓜的时期。夏季丝瓜初花期的时候要培土施肥1次，用量为每亩追施三元复合肥30千克。采收期每采收2～3次追肥1次，每次每667平方米追施三元复合肥25～40千克。

如果秋丝瓜的基肥比较充足，那么肥料的施用就要少量多次，具体做法与春丝瓜相同。丝瓜利用设施反季节栽培，在温度回升稳定后，要及时进行施肥，在菜畦的中间开挖沟渠，每亩施用复合肥料25千克、土杂肥500千克。

第五节　丝瓜栽培技术

一、露地丝瓜栽培技术

1. 适时播种　用温汤浸种，洗净后用湿纱布包好，放在29℃左右的温暖处催芽。3～5天后，芽齐时播种。4月中旬在温室内苗床播种，可用营养钵、纸筒或土方播种。播前浇透水，用刀割好土方，然后在其中央点坑，将带芽的种子用镊子夹住放在小坑内，保证芽朝下，然后抓2.5厘米的高土堆，播种完后筛土覆盖。

2. 苗期管理　出土前，苗床内要保持温度25～30℃，以利出苗。苗子顶土和出土后，及时覆土2次，厚度各为3毫米和7毫米，避免戴帽出土。出土后保持温度20～25℃。及时拔掉田间杂草，增强弱光期的光照，保证适当的水分控制，培育健壮的秧苗。当秧苗长到3～4片叶子的时候，开始降低温度，控制水分，锻炼秧苗。

3. 适时定植

(1) 整地施肥　深翻30厘米，基肥施优质农家肥每公顷5万千克左右。基肥可撒施也可沟施。耙细整平，做成1.2米宽的高畦，地膜覆平拉紧。土壤过干要浇水，1周以后定植。

(2) 定植密度　每畦内播种两行，保持株距在35厘米左右。

(3) 定植时期　10厘米土壤层温度稳定在13～15℃时，在5月末至6月初定植。

(4) 定植方法　在定植穴内施用5克的磷酸二铵作为口肥，然后把经过挑选的优质苗放在定植穴内，然后浇透埯水，水渗下后严密封埯。

4. 田间管理

(1) 植株调整　缓苗水浇后，及时用竹竿支起“人”字形架，架要稳固。绑蔓上架。庭院栽培可直接爬蔓上篱笆，也可以搭上棚架，使庭院更加美观。丝瓜的主蔓和侧蔓虽然都可以结瓜，但是要优先保证主蔓的生长，当主蔓开始结瓜之后，再让侧蔓生长。

(2) 中耕除草　未封垄前，瓜苗长势旺，要及时除草。未覆地膜栽培的，缓苗后多次中耕松土，有利提高地温，促进根系发展。

(3) 肥水管理　丝瓜虽然具有一定的抗旱特性，但是潮湿的气候环境更加适宜丝瓜的生长。丝瓜在结果期对水分的需求很大，缓苗后及时浇透缓苗水，坐果前适当控水蹲苗，进入结果期看天、看地、看苗浇水，保证土壤见干见湿，大雨后及时排水。待瓜坐住后，开始追肥，每公顷施磷酸二铵225～300千克，或大粪稀7500千克左右，追肥的同时要配合浇水。

二、日光温室特早春茬丝瓜栽培技术

1. 育苗技术

（1）品种选择　目前，日光温室丝瓜栽培尚无专用品种，多数是从露地栽培的品种中筛选出来的。其品种选择的原则是：早熟、耐低温、耐热、丰产、抗逆性好，常见的品种有白玉霜、绿旺、蛇形丝瓜、夏棠 1 号、北京棒丝瓜等均可选用。每公顷用种量 5.25 ~ 6 千克。

（2）浸种催芽　将种子放入洁净的盆里，加入清水漂出瘪子，然后加入种子体积 5 ~ 6 倍的温水烫种，并用木棒顺着一个方向不停地搅动。当水温降至 30℃左右时停止搅拌，继续浸种 8 ~ 10 小时。当剖开种子见内部无干心时，出水并反复搓洗，去掉种子上的黏液，用清水洗干净后，用干净的湿毛巾把它包好，沥干水分，放到 30 ~ 35℃的温度环境下催芽，每天用清水投洗 1 ~ 2 次，继续催芽，当种子“露白”后即可播种。

（3）苗床准备及播种　为了避免育苗时外界低温多幼苗的损害，一般都在温床里育苗。其温床的铺设、营养土的配制、及播种方法与冬瓜育苗相同，可参照其有关部分进行。

（4）苗期管理　当外界温度很低的时候，可以采用覆盖地膜、扣小拱棚的方法来提高温度，一般保持在 28 ~ 33℃就可以了。出苗后温度可降至 20 ~ 25℃，当心叶长出时再提高温度至 25 ~ 30℃，育苗时要注意夜间温度的控制，适宜的温度范围为 13 ~ 18℃，防止夜间温度太高，湿度太大时造成的秧苗徒长。在水分管理上，播种时底水要足，出苗后到叶展开前一般不浇水，适当蹲苗，促进其根系生长。当心叶展开后开始浇水，后期要视具体的温度和土壤干湿状况来决定是否浇水。见干见湿，控温不控水。在秧苗生长期间可用

0.3%的磷酸二氢钾或高美施进行叶面喷肥，苗期可进行2～3次，以促进茎蔓和花芽的生长和分化。温床育苗一般要在定植前的7～10天停止加温，降低温度进行炼苗，白天温度为18～20℃，夜间13℃左右，以适应定植后的环境条件。为了使秧苗充分接受阳光，育苗时要2次稀排，第1次的适宜时间是2片真叶的时候，第2次是在3片真叶的时候。当植株长到4叶1心时即可定植。环境条件好，日历苗龄为35～45天，环境条件不适，苗龄可适当延长。

2. 定植

（1）整地施肥　丝瓜整地要十分精细，并施用足量的基肥。一般每公顷施过磷酸钙1500～2250千克，优质有机肥12万～15万千克，不要施用速效性氮肥，以长效肥料为主，采取集中施肥与普施相结合的办法将底肥旋入。平均行距保持在1.2米左右，也可以按照2米小行距、1.4米大行距的标准开沟施肥，然后培起15～20厘米的高垄，覆上地膜，等待定植。

（2）定植方法　在定植垄上按20～25厘米的穴距开穴，浇水栽苗，在苗上覆盖足够多的土，并将地膜收回到幼苗的基部，用土盖紧盖严。也可以先开沟定植，后覆地膜。

（3）密度　一般每公顷温室保苗2.4万～3万株。

3. 苗期管理

（1）温度管理　定值后要关闭大棚门，提高棚内的温度，促进缓苗。若定植时温度低，夜间要加盖小拱棚，白天揭开，当温度合适之后，再适时揭除小拱棚。当植株缓苗之后，就要适当降低棚内的温度，一般白天保持在20～30℃，夜晚保持在13～15℃就可以了。随着外温的升高，逐渐加大放风量，当外界最低温度为13℃以上时可以昼夜放风。夏季可以将棚膜撤掉，保证作物越夏生长。对于没有秋冬茬栽培打算的棚室，也可以进行秋延后生产。

(2) 水分管理　定植时底水要浇足，若底水浇的少，定植后可逐沟浇1次水。当植株心叶开始生长，标志着缓苗已结束，这个时候就可以先浇透水，然后开始蹲苗。蹲苗期在开始有雌花开花的时候结束。这时要浇1次水，以后进入正常的水分管理，温度低时，温室放风量小，浇水时间间隔为5~7天，当外界的气温升高的时候，就进入盛瓜期。这个时候不仅要加大灌水量，而且要每2~3天浇1水。若进行秋延后生产，在外温降低时，减少浇水次数和灌水量。

(3) 肥料管理　一般可以视植株的长势和基肥施用情况，按照每公顷450~600千克的标准，定植时在植株间点施磷酸二铵，到植株抽蔓期前后基本不追肥。若基肥不足，在植株蔓长50~60厘米时要结合“盘条”每公顷追入硝酸铵300千克左右。等到雌花盛开的时候，授精坐果，并在其长到10~15厘米长时，开始追肥，每公顷每次用硝酸铵450~600千克，以后进入盛瓜期施肥的原则是隔一水施用一次肥料，注意要配合施用氮、磷、钾肥。在外界的环境温度升高的时候，可放大风时随水冲施稀粪2~3次，每公顷每次用人粪尿2.25万~3万千克。持续而充足的肥料有利于增加丝瓜的产量，延长丝瓜的采收期。

(4) 搭架和植株调整　当植株的茎蔓长到50~60厘米的长度时，要在靠近地面的位置“盘条”压蔓。盘条后在每株的侧面插1根竹竿搭成篱壁架，引蔓上架时要在中午或午后进行，尽量减少对植株的枝叶和茎蔓的损伤。绑蔓的时候要用“之”字形上引的方式，同时要根据品种的自身特点，摘除部分侧蔓，植株分枝力强的只留2~3条侧蔓，使主侧蔓都结瓜，其余的侧枝、卷须、及雄花的花序要及时地摘除。

(5) 人工授粉　丝瓜是一种虫媒花，在早春昆虫少的时候，要采用人工授粉的方式提高产量。授粉的方法是：摘取当天盛开的雄花，去掉花冠，或将花冠反捋，露出花药，轻轻地将花粉涂抹在雌花的柱头上，授粉的最适时间为早上8：00～10：00点，成功率最高。如果雄花少，可用50～100毫克/升的2，4-D加入20毫克/升的赤霉素涂抹花托和柱头。但是值得注意的是，经过药剂处理的植株的坐果率要远低于人工授粉。

（6）叶面追肥　结合丝瓜生长过程中的防病、防虫，在每次喷药时加入0.3%～0.5%的磷酸二氢钾进行叶面喷肥；或加入浓度为0.3%的高美施或喷施宝进行叶面保护，延缓叶片衰老。

三、塑料薄膜大棚丝瓜栽培技术

1. 适时播种

（1）品种选择　春季塑料薄膜大棚栽培，宜选择果肉厚、纤维少、风味美的肉丝瓜品种。

（2）播种时期　丝瓜的适宜苗龄为50天左右。一般在越冬的单层棚中栽培，4月末至5月上旬定植；越冬的多层覆盖棚的最佳播种时期约为4月下旬。一般来说，播种期要比定植期早2个多月。

（3）浸种催芽　用55℃左右的温水烫种10分钟，期间要不断搅拌。烫种后，用常温下的水浸种10个小时左右，捞出冲洗干部，甩掉种子上附着的水滴，然后用具有较强的透气性的湿毛巾或湿的纱布包裹好，放在28～30℃的温暖处催芽。

（4）播种方法　可以播在育苗盘中，待子叶展平后再分苗。如果育苗场所比较宽裕，最好直接播到营养钵或纸钵中，减少播种的劳动强度。在营养钵中播种时，每个钵要播种1粒带芽种子，覆盖土层2～2.5厘米，然后浇透水，放在温暖的地方促苗。丝瓜比较喜温，最好放在电热温床或架床等育苗床上，也可以扣小拱棚保温。

2. 苗期管理

(1) 出苗前的管理　出苗前以较高温度管理有利出苗。一般日温为30℃左右，夜温15℃以上，地温30℃左右。

(2) 出苗后的管理　在幼苗出土之后的时间段要注意温度的合理控制，防止空长苗，一般日温保持在20～25℃、夜温10～13℃、地温20～25℃。尽量增加室内光照强度，土壤不干不浇水。

在真叶长出之后，外界温度也逐渐升高，此时的温度控制标准为日温为25～28℃、地温25℃左右、夜温13～15℃。让土壤见干见湿。如果发现叶片颜色变浅，叶片变薄时，就可以用0.2%磷酸二氢钾溶液进行叶面喷洒。及时除草和防治蚜虫。在定植前1周逐渐加大通风量对秧苗进行锻炼，提高秧苗对环境的适应性。

3. 适时定植

(1) 定植准备　需要更换新膜最好在前一年秋天进行，越冬棚内冻土层浅，解冻也快，适于提早定植。进行多层棚盖的大棚，在定植前的半个月就要准备好需要的各种物质，包括小拱棚、地膜、2层幕等。

(2) 整地施肥　深翻地20厘米，由于丝瓜生长期很长，可以一直收到上冻拉秧，因此要多施基肥，2/3全园撒施，1/3沟施。可按1.2米间距作畦，在畦中间开沟施肥，沟1锹深，撒肥厚度10厘米左右。然后合并菜畦，保证10厘米的畦高，将畦面刮平后覆盖地膜。

(3) 定植时期　无论单层棚，还是多层覆盖大棚，丝瓜的适宜定植期要比黄瓜稍晚几天，最早与黄瓜同期。丝瓜比黄瓜具有更强的喜温特性，所以一般不要太早种植，防止低温冻害对丝瓜幼苗的影响。

(4) 定植方法　丝瓜在大棚内生长发育比露地栽培旺盛，因此要比露地的栽植密度小些。1.2 米宽畦栽双行，行间距离 50 厘米左右，株距 50 厘米左右。在晴暖的上午，把经过挑选的优质秧苗放在定植孔中，秧苗要湿坨下地，并且每埯要施 5 克磷酸二铵。肥与土拌匀以免烧根。苗坨顶端与畦面等高或稍高出畦面，用土填充苗坨与定植孔周围土壤之间的缝隙，使幼苗根系与周围土紧密相接。浇透定植水，等到水分完全渗入之后再封好埯保温保湿。

4. 田间管理

（1）缓苗期的管理　定植后，进行多层覆盖栽培的应立刻扣上小拱棚。这个时期关键是严密闷棚升温，促进缓苗，不达 38℃ 不用通风。温度和湿度都较高的条件下 5 天就可以缓苗。此时如果遇到寒流天气，就要遮盖苫布保温。

（2）根瓜坐瓜前的管理　当心叶见长时，幼苗就已经恢复生长，要立刻浇适量缓苗水以促进生长发育。这个时期主要以防寒保温为主，不超过 35℃ 不通风。要适当控水蹲苗，促进发根。多层覆盖，白天打开，增加作物对光的吸收。浇过缓苗水后，要注意观察田地的干湿情况，发现表土变干的时候就要马上插直立架，按照“8”字形绑蔓上架。一般根瓜下的侧枝全打掉。

（3）结果期的管理　大棚春季的环境条件不利于丝瓜坐果，丝瓜又不像黄瓜的单性结实力那么强，需要辅助人工授粉。

丝瓜结果期对水肥的需求都逐渐增大，此时要加强对水肥的管理。坐稳根瓜之后要开始灌水施肥。结果前期每天灌 1 次水，后期 1 周左右灌水 1 次，每公顷追施磷酸 2 铵或硝酸铵 225 千克，刨坑追施或顺水追施，施肥后及时灌水。丝瓜全生育期追肥 4 次左右。

进入结果期，外温逐渐升高，当夜间棚内温度不低于 13℃ 时，可撤掉小拱棚。当棚温超过 30℃ 的时候就要开始通风，开始的时候可以在大棚的两边扒开小缝通风，或者打开门，然后逐渐加大通风量，卷起大棚四周膜，下午棚内温度降到25℃左右时闭风；当外温不低于13℃时，昼夜通风。9月份开始逐渐缩小通风口，最后完全闭风保温。随着丝瓜植株的生长，要不断地把茎蔓绑到支架上，只在根瓜的上部留5～7个强壮的侧枝。

结瓜后摘心，主蔓离棚膜15厘米左右摘心，如果大棚架能吊蔓，那么主、侧蔓均可放任生长，不进行摘心。及时除草，加强病虫害防治，尽量延长采收期，防止早衰，增加产量。

第四章 苦瓜生产技术

第一节 苦瓜的生育特点

苦瓜又名凉瓜，是一种原产于亚洲热带地区和印度的瓜类蔬菜。因为它的果实中含有一种具有特殊苦味的糖苷，故而得名苦瓜。吉林省早有零星栽培，但均用于庭院观赏，无菜用价值。随着人们对苦瓜营养价值和医疗保健作用认识的提高，苦瓜开始越来越受到人们的喜爱和欢迎。除了可以制作家常小炒之外，还具有许多其他的用途。

苦瓜具有解毒利尿的作用，富含维生素、矿物质等多种营养，如果每天食用100克苦瓜就能满足人体必须维生素C的需求量。苦瓜可炒食、可凉拌、可做汤，具有特殊的甘苦味，食后清凉可口。

苦瓜本性耐热，对病虫害的抵抗力也很强，栽培技术十分简单，不仅用于露地栽培，也可以在保护地栽培；既是经济效益较高的名贵蔬菜，又是绿化庭院难得的观赏蔬菜。

一、植物学性状

1. 根　苦瓜植株根系比较发达，侧根多，主要分布在30～50厘米的耕作层内，根群分布宽度约为130厘米，深度30厘米，植株

的根系喜爱潮湿的环境，但是要尽可能防止雨涝。

2. 茎　茎为蔓生，五棱，浓绿色，被茸毛。主蔓各节腋芽活动力强，能产生侧蔓，侧蔓各节腋芽又可以产生副侧蔓，植株繁茂，在瓜类中属于侧蔓多而细的品种类型。苦瓜的各节除腋芽外还有花芽和卷须，卷须单生。

3. 叶　苦瓜的叶为子叶出土，一般不进行光合作用。初生叶一对，对生，盾形，绿色。以后长出来的真叶都是互生类型，叶面为绿色，叶背为淡绿色，叶脉是放射状的，叶片长度为 16 ~ 18 厘米，宽 18 ~ 24 厘米，叶柄长 9 ~ 10 厘米，黄绿色，叶柄有沟。

4. 花　花为单性同株。植株一般先发生雄花，后发生雌花，单生。雄花花萼钟形，萼片 5 片，绿色，5 片黄色的花瓣，花瓣的柄绿色，很长，为 10 ~ 14 厘米。有 3 枚分离的雄蕊，具有 5 个花药，各弯曲近 S 形，互相联合。早晨开花，以 6 ~ 8 时为多。雌花具有 5 瓣，黄色，子房下位，花柄长 8 ~ 14 厘米，横径 0.2 ~ 0.3 厘米，花柄上也有一苞叶，雌蕊柱头 5 ~ 6 裂。

5. 果实　苦瓜的果实是表面有不规则瘤状突起的浆果，果实呈短圆锤形、纺锤形、长圆锤形等。麦皮有青绿色、绿白色与白色，成熟时黄色。达到黄熟的果实，顶部极易开裂，露出血红色的瓜瓤，瓤肉内包裹着种子。

二、对环境条件的要求

1. 温度　苦瓜具有很强的耐热性，但是耐寒性不强。种子在10℃以下的低温情况下不能发芽。最适的发芽温度为30～35℃，但在25～28℃下，4～5天也可发芽。幼苗期生长适温为20～25℃。开花结果期需要25～30℃的温度。

2. 光照　苦瓜是典型的短日照作物，但是除了要有充足的光照条件外，其他方面要求较低。

3. 水分　苦瓜喜湿不耐涝，最适宜的空气湿度为80%～85%。

4. 土壤　苦瓜对土壤要求不严格，适应性较强，从微酸至微碱的土壤上均可种植。但仍以富含有机质、保水保肥力强的壤土上生长良好。

第二节　苦瓜品种

1. 穗新1号　穗新1号是由广东省广州市蔬菜研究中心选育而成的新品种。植株攀缘生长，长势旺，分枝力强，侧蔓多，主侧蔓均能结瓜，有雌花连续着生的习性，通常第一朵雌花大多着生在第7到第15个叶节之间。果实为长圆锥形，长16～25厘米，果肩较平，肩宽5.5～6厘米。果外皮深绿色，有光泽，具较粗大的纵条纹和相间的瘤状突起，果肉很厚，苦味很轻，品质极佳，整体外形美观。单个果实一般重300～500克。早中熟，适应性强，丰产性好，收获期可持续50～60天。每亩产苦瓜约2000千克，适合在夏季和秋季栽培。

2. 独山白苦瓜　贵州省独山县地方品种。植株蔓生，生长旺，分枝力强，叶掌状，5裂，深绿色。主蔓上第十三叶节前后开始着生第一朵雌花，之后雌花的着生间距为3~5个叶节。独山白苦瓜的瓜形为长纺锤形，外皮在商品成熟时为浅白绿色，老熟时为乳白色，有光泽，表皮有不规则的大而密的瘤状突起。果肉较厚，肉质致密，苦味淡，品质优秀，单瓜重为300克左右，耐热，属于晚熟品种，适合在夏季和秋季栽培。

3. 翠绿1号　广东省农业科学院蔬菜研究所1993年育成的大顶类型苦瓜一代杂种。植株生长势强，适应性广，雌花发生早且多，以主蔓结果为主，单瓜长16~18厘米，横径8~10厘米，单瓜均重为400克，肉厚1.2厘米左右，瓜呈圆锥形，条和圆瘤相间，皮色翠绿，有光泽。耐寒性、抗逆性强。早熟性好，适宜春、秋季种植。春季种植的采收期约为70天，秋季种植约为45天，每亩产苦瓜约2500千克。

4. 穗新2号　广东省广州市蔬菜研究所于1985年育成。植株生长势旺，分枝力强，耐热性好。主侧蔓均可结果。瓜皮色绿，且有光泽，瓜面有许多粗条纹状瘤状突起，瓜长为15~20厘米，呈长圆锥形。

瓜肩宽5~7.5厘米，肉厚1厘米以上，甘苦味适中，肉质脆嫩，口感好。单瓜重240~450克。早熟，丰产，耐热性好，适应性强。从播种至初收，春种为90天，夏、秋种为50天。

5. 长沙海参苦瓜　长沙海参苦瓜是湖南省培育的地方苦瓜品种，植株呈攀援生长之势，长势旺盛，分枝能力极强。侧蔓多，叶掌状，7裂，裂刻较深，叶色深绿。主蔓上第十九叶节前后开始着生第一朵雌花。果实为长纺锤形，外皮浅绿色，成熟之后变为橘黄色，表面可以看到明显的瓜棱和较多的瘤状突起物。

果肉较厚，肉质脆嫩，苦味轻。一般单瓜重为200~250克。晚熟，耐热，丰产。适于夏、秋季栽培。

6. 湘苦瓜 3 号　湘苦瓜 3 号是湖南省功能长沙市蔬菜研究所培育而成的一种杂交品种，作物的植株长势强劲，分枝性强，主蔓长 5.5 米。在主蔓第十叶节出现第一朵雌花，雌花节率 45% ~55%。瓜皮绿白色，长纺锤形，果面肉瘤突起，瓜长 28 厘米，单个瓜重 300 ~400 克，瓜肉鲜嫩、味微苦，口味独特。

瓜条匀称。耐寒性强，早熟性状好，抗枯萎病、霜霉病和病毒病。每667 平方米产量 3500 ~4000 千克。

7. 宝鼎 1 号　宝鼎 1 号是华南农业大学种子种苗研究开发中心选育而成的一种新的杂交品种。果形金鼎状，长约 16 厘米，肩宽约 10 厘米，单果重 500 ~600 克。皮色翠绿，瓜条粗直，肉厚，味苦甘，特别适合香港市场销售。该品种具有很好的耐湿和耐热性，抗病虫害的能力也很强，属于优质中熟苦瓜品种，亩产约3000 千克。

第三节　苦瓜水肥管理

一、苦瓜水分调控技术

1. 苗期水分控制　苦瓜苗期应保证土壤湿润，适当控制水分。幼苗定植后淋足定根水，缓苗期淋足 1 次水后控水蹲苗（直播田在 5 ~6 叶期），在此期间一般不再大量浇水，保持土壤的含水量在 60%左右即可。在根瓜坐好后不再蹲苗。待第一个瓜全部坐住并开始膨大时，进行浇水，以后每隔 5 ~10 天灌溉 1 次。开花结瓜期需水多，应保持土壤湿润，并防止渍水。

2. 盛瓜期水分管理 盛瓜期果实生长对水分的需求较高，要保证土壤的相对含水量在80%以上。在南方地区降雨增多，应及时排除田间积水，做到水不过半沟，雨过水干，以防土壤过湿引起烂根发病；在北方地区降雨较少，应每隔7~10天浇一次水，保持地面的湿润状态。

二、苦瓜施肥技术

1. 苦瓜需肥特点 苦瓜的根系发达，侧根数量多，具有喜肥、不耐贫瘠的特点。一般每亩苦瓜的施肥量为纯氮18克，氮、磷、钾比例为1∶1.3∶2.1。如果有机肥充足，植株生长粗壮，茎叶繁茂，开花结瓜多，瓜肥大，品质好。特别是生长后期，如果没有足够的肥水供应，就会导致植株矮小、衰弱、结瓜少而小、苦味增浓，品质下降等现象。苦瓜需要较多的氮肥，但偏施氮肥，抗逆性降低，植株很容易受到寒冷的气候条件和病菌的侵扰，防治的主要措施是加大施用钾肥和磷肥的量，保证植株生长健壮，增强结瓜能力。

2. 苦瓜施肥技术 结合耕地施足基肥，每667平方米施腐熟有机肥5000千克以上、饼肥50千克、复合肥30~40千克，或者每亩地施用腐熟的牛粪和猪粪1500千克。基肥占总施肥量的60%，追肥占40%。追肥在结瓜后分2~3次施用。苗期的苦瓜植株不耐肥，对肥料的需求也比较少，这个时期一般用10%的人粪尿提苗就可以了；定植后按“巧施促蔓肥，重施坐瓜肥，补施秋瓜肥”的原则，分次追肥。

结瓜期是对肥料需求最多的时期，要保证肥料的充分供应。在第一个瓜全部坐住并开始膨大时，浇水并随水追施尿素10~15千克或碳酸氢铵20~25千克。盛瓜期以后增施1~2次过磷酸钙，每次亩施用 10 ~ 20 千克，这样可以延长苦瓜的采收时期。春苦瓜幼苗期可少施肥，夏苦瓜从子叶展开后就要注意勤追肥。开花结瓜期间要施 1 ~ 2 次重肥，一般在开花时结合培土，每 667 平方米追施高效有机混合肥 40 千克，或者腐熟的饼肥 25 千克。在开始结瓜或者是第一次采收之后，每亩追施复合肥 75 千克，之后每采收 1 次瓜，追施 1 次人粪尿。

第四节 苦瓜田间管理

一、中耕除草

苦瓜为长蔓生蔬菜，通常采取插高架爬蔓的栽培方法。前期栽培的管理要点是做好中耕和松土工作，后期主要重视拔除杂草。一般在定植浇过缓苗水之后，待表土稍干不发黏时进行第一次中耕，此时如果土壤过于干旱或者出现大风天气，就要再重新浇一次水，再中耕。第一次中耕时，要特别注意保苗，瓜苗根部附近中耕宜浅，千万不准松动幼苗基部，距苗远的地方深耕 3 ~ 5 厘米，行间可更深一点，这样可以增加土壤的透气性，提高土壤的温度，促进瓜蔓和瓜苗的健康生长。

第二次中耕可在第一次之后 10 ~ 15 天进行。如果地干，可先浇水，后中耕，这次中耕要注意保护好新长出来的根系，中耕的深度要适当地浅一些。中耕的最后期限是瓜蔓长到半米以上之后，这个时期苦瓜的根系基本布满全行间，再加上畦中已经插了架，则不宜再中耕。但要注意及时拔除杂草，防止野草丛生，以改善田间通风透光条件和减轻病虫害的影响。在第一次中耕松土的时候，如果出现断苗、缺苗的现象，就要及时补栽，保护全苗。

二、及时插架

定植缓苗后，当瓜秧开始爬蔓时，应及时插架。一般大面积栽培时，以插“人”字架为宜。这种架的支撑力大、对风的抵抗力强。也可以采用插篱架的方式，但是这种架子的稳定性不好，有时易被大风吹倒。在庭院或宅旁栽培苦瓜，可搭成棚架或其他具有特殊风格的造型架，既可以用来纳凉消暑，又可以美化环境。

三、整枝打杈

一般苦瓜植株任其自然生长也能开花结果，但由于苦瓜主蔓的分枝能力极强，如果植株基部侧枝过多，或者侧蔓结果太早，就会消耗和占用植株大量的营养物质，影响主蔓的生长和发育。

因此，必须整蔓打杈，摘除多余的或弱小的枝蔓，以集中营养确保主蔓生长粗壮、叶片肥大，并为茎蔓上部长出新蔓和新蔓的开花结果保留更多的养分。整枝打杈的具体做法是：在定植缓苗后，植株爬蔓初期，可进行人工绑蔓一两道，以引蔓上架，并应随时将主蔓上的1米以下的叶腋侧芽或侧蔓摘除，有的时候也可以留下几条生长旺盛，格外粗壮的侧蔓，让其开花、结果，其他弱小侧蔓均应摘除。到中期，蔓叶繁茂，结瓜也多，一般可放任生长，不再打杈。到了植株生长后期，为了避免侧蔓对主蔓生长发育的限制，要适当地摘除过于密闭、弱小的侧蔓及老叶、黄叶、病叶，以利于通风透光，延迟采收期。

四、肥水管理

苦瓜植株上着生的雌花的数量很多，在其生长期内可以持续地开花结果，不断采收，收获期可延长到初霜来临。所以，苦瓜一生消耗水肥量大，除施足底肥外，在进入结瓜中后期时，要及时追肥，以保证瓜果生长的营养需要。进入收瓜期后，如果没有自然雨水的补充，就要每隔 7 ~ 10 天浇一次水。

并每隔 1 次清水随水浇施 1 次化肥，每 667 平方米施尿素 10 ~ 15 千克，或硫酸铵 15 ~ 20 千克，或其他复合肥料 10 ~ 15 千克，盛瓜期内要追施磷肥 2 ~ 3 次，每次可以施用 10 ~ 15 千克的过磷酸钙。

在高温炎夏一般不宜用粪稀，在结瓜前期和后期，气温较低时可用 20% 的粪稀浇灌。在结瓜的中后期，如果不能保证肥料的充足供应，就会导致植株矮小瘦弱、叶色发黄、结瓜少等现象发生。

第五节　苦瓜嫁接和整枝技术

一、苦瓜嫁接技术

1. 接穗和砧木选择　接穗选用早熟、优质高产、商品性好、抗逆性、适应性强的优良品种，如大白苦瓜、江安草白苦瓜等。砧木选用根系发达，生长能力和抗病性都较高的云南黑籽南瓜。

2. 播种育苗　苦瓜接穗种子首先播种，待接穗秧苗子叶刚出土时，播砧木黑籽南瓜种子为宜。

3. 嫁接

①嫁接时期。在苦瓜的接穗苗张弛1叶1心，砧木的下胚轴长到5~6厘米，真叶出现，子叶显露的时候，就可以嫁接了。

②嫁接前的处理。嫁接前3~4天对砧木苗摘心，使子叶变大，下胚轴增粗，并对秧苗喷施80%代森锌可湿性粉剂700倍液，或75%百菌清可湿性粉剂800倍液防病。

③嫁接方法。首先要把嫁接需要用到的夹子和刀片等工具用酒精消毒，然后在砧木苗上距离子叶1.5厘米的地方用刀片呈30度角由下向上切1/2切口；在接穗茎距子叶1~1.2厘米处用刀片呈30度角由上向下切2/3切口。把砧木、接穗靠接在一起，使子叶形成十字架形。上嫁接夹，接穗在里，砧木在外。将嫁接苗每钵1株移栽，保证嫁接夹距土壤表面的高度为2~3厘米。

④嫁接后的管理。嫁接后3~4天需进行密闭遮光，保温保湿处理，温度保持在25~28℃，空气相对湿度保持95%左右。5~10天后逐渐半遮半揭，温度保持在20~25℃，空气相对湿度保持在90%左右，10天以后逐步揭开上面覆盖的薄膜，低温炼苗，温度保持在15~25℃，空气相对湿度保持在60%~85%。15天后待嫁接苗成活后剪断接穗根茎，抹除砧木心叶。20天后选择适当的时间把秧苗移栽到大田中去。

二、苦瓜整枝技术

苦瓜主蔓的分枝能力极强，易发生一级侧枝和二级侧枝，形成繁茂的枝系。如果任其自然生长，主蔓基部的侧枝过多，消耗大量营养，田间郁闭，透气和通风条件不佳。侧蔓的过分生长，也会在一定程度上对主蔓的生长发育产生影响，设施栽培条件下，光照较弱，也易造成茎蔓细长、侧蔓萌生快、空间郁闭等问题。因此，要适时整枝打杈。

苦瓜开花的顺序是先雄花、后雌花，第一雄花大多出现在第 4 ~ 6 节位，第一叶繁茂，结瓜多，需肥量也较大，要求土层深厚肥沃。定植前施足基肥，定植时重施富含有机质的圈肥，并分次施化肥或农家肥，保证植株生长对磷、氮、钾等各类肥料的需求。如果单位面积种植株数少，产量以单株产量为基础，施肥也应对单株施用，应注意氮、磷、钾合理配比，以提高佛手瓜的产量和质量。根据不同生育阶段植物生长对肥料的要求定期施肥。开花和坐瓜期对肥料的消耗很大，所以要及时追肥，满足其生长结瓜对养分的需求。与其他瓜类蔬菜相比，佛手瓜吸肥总量相对要少一些。

第六节　苦瓜栽培技术

一、苦瓜露地栽培技术

1. 选地　苦瓜适合在通透性好、土质疏松、有机质含量高的土壤中生长。

在诸类土壤中，以沙壤土栽培苦瓜效果最好。在南方多雨地区，宜选择地势高、排水方便、日照好的田块种植。

2. 整地作畦　对要种植苦瓜的田地提前犁晒，耙碎土块后建菜畦。畦的宽度按搭架方式而定：搭“人”字架时畦的宽度约 1.5 米，搭水平架时畦的宽度是 2.0 ~ 2.2 米（连沟）；沟的具体深度要视具体的需要来确定，一般深沟深度为 40 厘米，宽度为 50 厘米；浅沟深 20 厘米，宽度为 50 厘米。

3. 施基肥　施用基肥的主要作用是恢复和增加前茬作物所消耗的地力，提高土壤的肥力，为苦瓜的前期生长提供基础的营养支持。

基肥的施用量根据土壤的肥力情况而定。对土质瘠薄、肥力较差的土壤，每667平方米可施腐熟有机肥3000~3500千克，钙镁磷肥25千克、氮磷钾复合肥15千克；在中等以上肥力的田地，每667平方米施腐熟有机肥2000~3000千克，另加氮磷钾复合肥10千克、钙镁磷肥25千克。若没有施用腐熟的有机肥料，也可以用100千克花生麸和钙镁磷肥25千克、复合肥30千克代替。

施肥方式：可采用沟施或全层施肥。当基肥中有机肥较少时，可在定植行开10厘米深沟，将基肥全部施入沟内，并与20厘米厚的土层搅拌均匀，然后用土填平。当施用的有机肥料所占的比例很高时，可以采用全层施肥法，即将基肥撒在整个畦面上，结合整畦将肥与畦面20厘米厚的土层充分拌匀。采用全层施肥法的同时都要采用地膜覆盖的栽培方式。

4. 定植方法及密度　“人”字架的栽培密度为每667平方米1800~2500株。

春植行距为1~1.2米，株距为40~45厘米；秋植行距为1~1.2米，株距为35~40厘米。平架栽培的定植密度为每亩600~800株，行距为1.8~2米。株距为55~60厘米。

按上述株行距先在畦面上用瓜锄开穴，将瓜苗摆入穴内，定植时轻轻撕开营养杯的塑料薄膜袋，将泥块埋入穴内，培土到子叶下方1厘米的位置后浇入定根水。

5. 浇水灌溉　可采用沟灌、滴灌及膜上漫灌的方式。

沟灌即将水引入畦沟，浸泡至畦面以下1厘米处，直到土壤充分地吸收了水分，即菜畦面中线下10厘米的位置土壤湿润的时候，即可排干水。

滴灌是配合地膜覆盖栽培的节水灌溉方式。即在铺设地膜前先在畦面中线安装滴灌支管，铺好地膜后，组装好支管及主管，构成一个统一的滴灌系统。利用水泵加压的方式，把水从膜下滴灌到苦瓜的根系四周。

滴灌可兼顾追施营养液及药物。采用滴灌栽培节水、省工、高效，是集约化生产的首选灌溉方式。

膜上漫灌也是一种与地膜覆盖栽培方式相适应的灌水方式，主要是把水引上膜面，使水从栽培孔及膜面预留的孔渗入土壤中。膜上漫灌要求整畦时四周稍高，畦面平整。一般北方栽培多用。

6. 搭架及植株调整　植株高度达到 60 厘米的时候，就要开始搭架引蔓了。架子分为平架和“人”字架两种。“人”字架即在每株瓜苗内侧距根部 10 厘米处插一竹竿，两条相对的竹竿向内倾斜交叉成“人”字形，在交叉的地方各加一条横杆，然后扎紧竹竿交叉的部位，这就是一个牢固的“人”字形棚架。

平架即在瓜田中每隔 2 米打一木桩，用绳索或竹竿将木桩连接起来，形成一个棚状的棚架。

苦瓜植株的攀援能力较差，不能自己爬上支架，所以需要人工辅助。

拉蔓时沿着竹竿或绳子顺时针攀绕，再在植株顶端下 3 ~ 5 厘米处用细绳打一活结固定即可。

当植株长至 1 米以上时，就要开始调整植株。“人”字架栽培的苦瓜要把植株高度一半以下的侧枝打掉；若是搭水平架的，则把植株位于水平架以下的侧枝全打掉。植株调整的目的是为了增强通风透光性，避免营养物质的流失和浪费。

7. 适时采收　大多数苦瓜植株在主蔓第 8 节的位置出现雌花。但是留瓜一般以主蔓第 10 ~ 13 节留瓜为好，苦瓜开花后 12 ~ 15 天即达商品成熟。商品成熟的苦瓜其外观表现为光泽油亮，棱瘤充分饱满，这时要及时摘瓜上市，防止苦瓜过熟影响口感和品质。

8. 及时追肥　由于苦瓜需肥量较大，因此必须及时补充肥料以满足其生长发育需要。可在每次采收后喷600倍高美施液肥或稀释150～300倍的204叶肥。采收后的田地也要施肥，一般每亩追施腐熟的花生麸稀释液肥2000～2500千克。追肥的方法有两种：一是在苦瓜行距间开一条10厘米深的沟，撒下肥料后再覆土；二是在苦瓜株距间开一小坎，撒下肥料后覆土即可。两种方法施肥之后都要有很好的水分配合，所以要及时灌溉，保证肥料的充分溶解和吸收。

此外，在苦瓜生长期间，可以结合防治病虫害，在药液中加入0.2%～0.3%的尿素和磷酸二氢钾（两者各半），进行叶面喷施。

9. 套瓜　为了提高苦瓜的品质，保证良好的商品属性，在栽培苦瓜的时候，可以用纸袋把苦瓜套起来。应从幼瓜开始套，纸袋大小以略大于成熟的商品瓜为宜。套过的瓜在商品成熟时光泽度更好，并可免遭各种昆虫的叮咬，保证成熟的苦瓜基本上没有虫口，商品属性大大提高，一般我国台湾地区有套瓜的习惯。

二、苦瓜保护地栽培技术

（一）播种

1. 浸种催芽　为提早定植、提早成熟，保护地宜用大龄苗，苗龄50天左右，秧苗8～10片叶时定植。温室栽培1月末播种，大棚栽培3月上旬育苗。小龄苗生长势旺，但上市晚，均于温室中育苗。

为了减少种子发芽的时间可以用55℃左右的热水烫种10分钟，或者浸种后磕开种皮。磕开种皮对加快出芽非常有效，干子磕有时易伤胚，湿子磕不易伤胚，但种壳不易开裂。浸好种后，放于恒温箱或相当于30℃的温暖地方进行催芽。

2. 苗期管理

①温度。出苗前的最适温度为夜间20℃，白天31℃，出苗以后，为了控制秧苗的生长速度，夜间保持在15～18℃、白天降到20～25℃。在加温温室内，阴天更要注意适当降低温度，否则光照较弱温度却较高，容易造成幼苗徒长。

定植前1周降温锻炼，温度一定要逐渐降低，不要骤然降温，最低可降至10℃左右。

②光照。在保证出土幼苗适宜温度环境的条件下，草苫等用来保温的物质要每天尽早揭开，尽可能晚覆盖。经常清洁以增加室内的光照强度。发现幼苗长势不齐时，将温度高、光照弱的后排苗倒到光照强、昼夜温差大的前排处。

③水分。播种之后浇水要浇透，保证出苗前有湿润的土壤环境。出苗之后就要控制水分，防止植株徒长。定植前适当控水炼苗，但过量控水炼苗会老化、伤根，如果大叶中午萎蔫至晚上不能恢复，心叶中午也萎蔫，说明已控水过分。

④营养。生长期施用的营养土要有充足的营养，保证植株生长的全面要求。育苗期要在植株叶面喷施几次肥料壮苗。

⑤防蚜除草。及时喷药防治蚜虫，拔除杂草。蚜虫防治参照前述其他蔬菜。

（二）适时定植

1. 温室或大棚的准备　日光温室头年秋天扣好封严，定植前保温烤地，草苫、纸被早揭晚盖。大棚头年秋天扣膜，四周封盖严实，如果采用多层覆盖的栽培方式，就要准备好小拱棚、2 层幕等保温用料。提前 1 周整地施肥，每 1000 平方米施基肥 600 千克左右。1/3 全园撒施，翻入土中；2/3 沟施，下肥后合畦，整细耙平，做成 1. 2 米宽的高畦。为保温降湿，也可以覆盖地膜。为了方便后期浇水灌溉，畦面不要垄得太高。

2. 定植时期　苦瓜耐高温，对低温十分不适应。定植时间太早，会延长苦瓜的缓苗时间，也容易受到低温冷害的影响。日光温室 3 月中旬，大棚 4 月下旬或 5 月初定植为宜。

3. 定植方法　一畦中央栽单行，株距 40 厘米，每 1000 平方米栽苗 2100 株左右。定植时土温需稳定在 10℃之上，定苗时间为晴好的上午。地膜栽培苦瓜的要穴栽，先打埯，施口肥，在平底移栽，保证苗与定植穴四周土壤密切接触，浇透埯水，水沉后覆严埯；覆地膜的开沟栽苗，灌透沟水，水完全沉下后覆平畦面。为避免过分降低地温，墒情尚好时可先不浇沟水。

（三）定植后的管理

1. 缓苗期管理　定植后 5 天左右就要保温缓苗，为了防止冷风吹拂，保证棚内的温度，一般要在门上悬挂 1 个长门帘，在下面再挡 1 个高 60 ~ 80 厘米的短帘以阻挡扫地风。

一般不超过 38℃不用通风，偶尔超过 38℃也只需开门或扒小缝、小口通风。

2. 初花期管理　缓苗之后要立即浇水，促进幼苗快长。然后中耕松土 1 次，提高土壤温度，增加土壤的透气性，促进幼苗根系下扎。

缓苗后室内保持温度 28～30℃，超过 35℃时，温室开门或打开顶部、后墙通风口短时间通小风降温；大棚开门或在两边扒小缝通风。

当植株的藤蔓长到一定程度后，就要支架。一般保护地多采用直立的支架，这时因为直立架具有更好的通风透光性。插架后立刻用撕裂绳或麻袋线绑蔓上架。

到第 1 个瓜坐住前不旱不浇水，第 1 个瓜坐住后第 1 次追肥，每 100 平方米穴施硝酸铵 15 千克，施肥后立即为秧苗补充水分，然后适当地通风透气。

保护地内前期昆虫较少甚至没有，不利于授粉授精，应进行人工授粉保花保果。

第 1 个瓜以下侧枝一律剪除。再中耕除草 2 次，并适当培土。

3. 结果盛期管理　在植株的结果盛期要做好引蔓上架的工作，保证瓜果的生长需要。适度浇水的同时也要合理控制水分，防止病虫害的发生。待第二个瓜采摘后，适时追肥，每 1000 平方米追施硝酸铵 20 千克、过磷酸钙 20 千克或 3000 千克 30% 稀大粪；以后每隔 2 周追一次肥，追肥后立刻灌水，一般两次水 1 次肥。

随着外界温度的升高，要不断地增大通风量。可以在温室的顶部的薄膜上开口或扒缝，或者把大棚四周薄膜全部卷起通风，降温降湿。

盛果期通风量加大，昆虫增多，不进行授粉也可以结果。但为保证大量结果，可以用浓度为 15 毫克/千克 2，4-D 或浓度为 25 毫克/千克番茄灵溶液涂抹整朵花或花柄，也可以采用人工授粉技术保花保果。

这个时期侧枝分生很多，应经常整枝打杈，无雌花或前 3 节无雌花的侧枝及时剪除，保留有瓜的健壮侧枝结瓜。

4. 结果后期管理　结果后期的主要管理事项就是加强管理，防止作物提前衰老，尽可能延长采收时期，提高收获数量。

注意摘除细弱侧枝、开花过晚的侧枝，促进已坐住的瓜条长成。剪除无瓜老蔓及老叶、病叶等，彻底整枝打杈 1 次后，重追肥 1 次，保秧促果，追肥后立刻浇水。

注意外界环境温度的变化，在气温下降的同时减少通风，保证室内温度。10 月中、下旬的时候，可先加盖草苫，再加盖纸被保温。

三、苦瓜地膜覆盖栽培

（一）地膜覆盖的作用

1. 提高地温　据测定，早春季节盖膜地块耕作层比未盖膜地块的地温要高 2～4℃，4 月中旬地膜的增温值可以达到 4.1℃，5 月更是高达 7℃。

2. 保持水土　地膜覆盖能防止雨水和灌溉水对畦面土壤的冲刷、淋溶作用，因而大大减轻土壤养分的淋溶流失，使土壤保持很好的组织结构，改善土壤的物理结构。覆盖地膜同时可以减少土壤蒸发，具有一定的抗旱保墒，和抑制盐分随地下水上升和地面水分蒸发而发生的地表盐分积累，缓解土壤盐渍化程度。

3. 防除杂草　采用地膜覆盖的栽培方式，可以使膜面和土壤之间保持较高的温度，晴天时可以高达 40～50℃，形成高温、高湿的密闭环境，可将刚发芽的杂草烤死或烤伤，并可抑制已长起的杂草的生长，因此在一定程度上具有除草效果。如果采用黑色膜，则可以很好地防治地下杂草，使用除草膜的效果也很好，但是要注意选用与苦瓜生长特性相适应的除草剂。

4. 减轻病虫害的发生　地膜覆盖所起到的畦面隔离作用可减少病菌的传播、侵染机会，对苦瓜的土传病害如枯萎病、炭疽病等都有一定的作用。采用地膜覆盖的栽培方式，也降低了空气的相对湿度，不利于产生各类病害侵染和传播。此外，地膜覆盖，由于地膜的反光作用，可减少瓜田有翅蚜的数量，特别是银灰色地膜对蚜虫有明显的驱避作用；瓜实蝇幼虫也不那么容易进入地下，减少了对苦瓜的危害。

5. 改善近地面小气候　促进苦瓜苗生长发育和早熟丰产。地膜本身和膜下附着的水珠对光有反射作用，能显著地增加地面对光照的反射，增强下部叶片的光合作用。地膜覆盖的方式还可以促进土壤微生物的活动，使土壤和空气中二氧化碳的浓度增加，这也有利于苦瓜的光合作用。地膜覆盖后形成的适宜的土壤环境可以很好地促进苦瓜根系的生长发育，最终达到增加产量的目的。

（二）地膜的种类及应用

地膜的种类很多，最初生产和应用的是无色透明膜，随着化工业的发展和农业生产的需要，又出现了有色膜、除草膜、有定植孔的多孔膜、可以生物降解的淀粉膜等。但是使用范围较广的是无色透明的地膜。

1. 无色透明膜　这种膜透光率高，一般可使土壤耕作层增温2~4℃。近年国内有厚度仅为0.004毫米的超薄强力地膜，使用这种地膜可以进一步节省成本。

2. 银灰色膜　这种膜呈银灰色，反光性强，能增强地上光照，特别有驱避蚜虫、减轻病毒危害的作用，被称为驱蚜专用膜。

3. 黑色膜　这是一种具有遮光作用的透光率极低的黑色薄膜，用黑色膜覆盖可使地温升高1~3℃。黑色膜能有效地防止土壤水分蒸发和抑制杂草生长。

4. 除草膜　这是在制作薄膜的时候在其一面加入了专用的除草剂的薄膜类型，在使用的时候，膜内的除草剂便溶解在水蒸气中，并滴落在畦面上形成一层药剂处理层，能杀死刚萌发的杂草幼芽。但苦瓜对许多除草剂敏感，若使用除草薄膜，就要选用可以适应苦瓜生长的除草膜类型，并先进行小面积的栽培实验。

（三）地膜覆盖的方法

1. 整地起畦及施基肥　南方栽培苦瓜的瓜畦一般采用龟背式，土壤经过翻耕耙细后，即可挑沟起畦，一般采用1.5米畦面包沟的规格。然后在菜畦内定植行的位置挖一条深度为10厘米的施肥沟，然后施入基肥。并与沟内20厘米厚的土壤搅拌均匀，然后覆回表土，平整畦面；也可采用全层施肥法，即把基肥均匀地撒在畦面上，然后在中耕的时候把土和基肥充分搅拌，混合均匀。

2. 铺盖地膜　苦瓜栽培常用的地膜铺盖法有两种，一是先铺后种法，即先铺地膜后定植。这种方法铺膜速度快，易铺平铺紧，但是在定植秧苗的时候一般都会使地膜不同程度地破损，且定植操作有一定的不便。另一种是先定植后铺膜，一般在缓苗后5~6片真叶时进行。这种方法操作有一定的难度，且易损伤幼苗，但是定植操作相对更加简单。在缓苗期结束之后培土的同时铺上地膜。地膜破损少，省工省时，操作熟练后其效果比第一种好。两种铺膜法都要求畦面平整，土壤细碎。铺设地膜时要将地膜拉紧，使地膜紧贴在土表，避免地膜与畦面之间出现大的空隙，然后把地膜的四周边用湿泥压紧封严。瓜苗周围的破口和操作时损坏的破口都应用泥压紧封好。

(四) 栽培管理

1. 播种育苗　苦瓜播种可以采用育苗移栽和直播两种方法。定植的密度随定植季节的不同而有变化，春季定植采用4~5片真叶大苗，夏、秋季则用2~3片真叶小苗为好。春植密度小一些，每667平方米植1800~2000株，夏、秋季定植密度为每亩2500~3000株。

2. 植株调整　铺设地膜后，瓜苗生长速度加快，当苗长至60厘米左右时，即可搭架引蔓。一般搭架方式有“人”字棚架和平顶棚架两类，具体的搭架方式和露地栽培相同。

3. 施肥灌溉　地膜覆盖栽培一般基肥较充足，追肥时期可相对迟一些。一般第1次追肥在初瓜期，第2次在盛瓜期。追肥一般采用按穴施肥的方式，就是在秧苗根部10~15厘米的地方开挖一个小穴，深15~20厘米，将肥料施入，然后覆土填穴，随后灌水。

地膜覆盖减少了土壤水分的蒸发，灌水次数相对减少。

具体可以用沟灌、滴灌、膜上漫灌等方式，只要使膜下的土壤湿软适度就可以了。

4. 病虫害防治及其他管理　地膜覆盖栽培虽然可以减缓部分土传病害及昆虫的为害，但并不能完全防止苦瓜病虫害的发生，特别是在植株生长旺盛时期，田间的植株间隙的缩小使得通风和透光度逐渐降低，病虫害极易发生和流行，因此及时防治病虫害是丰产稳产的关键。地膜覆盖栽培的苦瓜一般可比露地栽培的提前7~10天采收。及时采收不仅可以保证适宜的成熟度，而且可以减少植株的衰老，提高单株产量。

第五章 冬瓜生产技术

第一节 冬瓜的生物学特点

一、植物学特征

1. 根 主根和侧根都发达，根系强大，深0.5~1米，横向分布1.5~2米，根较粗，白色，对土壤水分和养分吸收能力强，易产生不定根。

2. 茎 冬瓜的茎属于蔓生种，绿色，有五棱，中空，茎上着生有许多又粗又硬的刺毛。植株的分枝能力旺盛，每节均可抽生侧枝。抽蔓后，每个茎节开始着生卷须。

3. 叶 冬瓜有5~7个浅裂的掌状大叶，叶色暗绿，叶面叶背密生刺毛。叶脉网状，背部突起。叶柄明显。

4. 花 大多数品种都是雌雄同株异花，当然也不排除个别的两性花的出现。冬瓜的花也是典型的虫媒花，花冠为黄色，雌雄花的着生具有一定的规律可循。

5. 果实 冬瓜的果实是由雌花受精后，子房膨大发育而成的。

果实的形状、大小及有无蜡粉因品种而异。果肉白色，厚 3～6 厘米，疏松多汁。

6. 种子　冬瓜的种子是椭圆形的，分为无棱和有棱两种。种脐的一段稍尖，淡黄色的种子发芽慢，千粒重约 100 克。

二、生长发育周期

冬瓜从种子到种子的整个生长发育过程的长短因类型与品种而有很大差异，小型种 110～120 天，大型种 150～160 天。按其生育特点，可分为 4 个时期：

1. 发芽期　发芽期为 10～15 天，是指种子萌动到第 1 片真叶出现的时间。种子发芽期的主要营养来源就是种子贮藏的营养。

2. 幼苗期　第 1 片真叶显露第 6～7 片真叶展开，并抽出卷须为幼苗期。此期植株节间短，直立生长，根系已有很大发展，有主根和侧根，需要 25～30 天。这个时期花芽已经开始生长，但是仍以营养生长为主。这个时期如果遭遇较短的日照和低温条件，就会影响雌花的着生。

3. 抽蔓期　从抽蔓开始至植株现蕾为抽蔓期，需要 20～30 天。抽蔓期开始，节间逐渐伸长，由直立转为匍匐生长，并在节上抽生卷须，腋芽开始活动，长出侧蔓。此期间营养生长速度较快，花芽在继续分化并孕蕾。

4. 开花结果期　开花结果期指的是从花蕾出现到果实成熟这一段时间，需 60～80 天。这时从营养生长发展到茎叶生长和开花结果同时进行。整个开花结果期从现蕾至植株开花为初花期，坐果后至果实成熟则分为结果初期、中期和后期。在果实发育过程中种子也发育和成熟。开花结果期通过肥水管理和必要的植株调整等措施，处理好植株的营养生长和生殖生长的关系，可以促进作物高产稳产。

第二节　冬瓜品种

一、冬瓜类型

冬瓜按结瓜早晚分为早熟品种和中晚熟品种。

1. 早熟品种　主蔓上 5~9 节处出现第一雌花，以后每隔 2~3 节着生一雌花，结瓜位置集中，瓜码较密。单瓜重 1~2 千克，果实呈圆筒形或圆球形。播种后 100 天左右收瓜上市。耐热能力稍差，主要用于春季早熟栽培及温室冬、春季栽培，如北京一串铃、吉林小冬瓜、杭州圆冬瓜、保定小冬瓜、湖南早熟的青杂冬瓜品种。

2. 中晚熟品种　一般中熟品种的第一雌花着生在主蔓的第 10~15 个节位上，晚熟品种的第一雌花着生在主蔓 15~20 节位，以后每隔 5~7 节出现一雌花，瓜码稀。果实长圆筒形或扁圆形，单瓜重 10~15 千克。播种后约 120 天就可以采收出售，非常适合露地栽培。

二、冬瓜主栽品种

1. 广东青皮冬瓜　生长势较强。第一雌花在主蔓 16~19 节，雌花间隔 5~6 节。瓜长圆筒形，深绿色（幼瓜具有黄绿星状花斑），长 60~70 厘米，横径 20~25 厘米，单瓜重 10~15 千克，没有蜡粉，瓜肉厚 5~6 厘米。品种抗病能力强，品质优，耐贮运。耐日灼能力较差，需要搭架栽培。

2. 湖南粉皮冬瓜　生长势强，第一雌花着生在主蔓 16~20 节，雌花间隔5～7节。瓜呈圆筒状，绿色，多蜡粉，中间部分相抵较小，长度为70～80厘米，横径25～30厘米，瓜肉厚4～5厘米，单瓜重15～20千克。晚熟，丰产，品质稍差，较耐贮运。耐日灼能力较强，既可搭架栽培，也适合爬地栽培。

3. 青杂1号冬瓜　青杂1号冬瓜是一种生长十分旺盛的杂交瓜种。一般第一朵雌花在主蔓的第20～22节之间着生，雌花间隔6～7节。瓜呈圆柱形、墨绿色，长85～90厘米，横径16～23厘米，瓜肉厚4.6厘米左右，单瓜重10～18千克。晚熟，耐盐渍，贮运、丰产性好，抗病性高，但是耐日照能力差，需要搭架栽培，防止夏季烈日灼伤。

4. 五叶子冬瓜　生长势较强。第一雌花着生在主蔓第15节，雌花间隔5～6节。瓜短圆柱形，瓜基部及果脐部略下凹，绿色，蜡粉少，长30～35厘米，横径20厘米左右，瓜肉较厚，为3～4厘米，单个瓜均重5～6千克。早熟。抗热力强，较抗病，丰产，品质好，不耐日灼，后期果实易发泡，适宜早熟搭架栽培。

第三节　冬瓜水肥管理

一、冬瓜水分调控技术

冬瓜缓苗后和卷须出现时各施 1 次 10% ~15% 的淡粪水，促进瓜苗生长。在盘蔓后或上架过程中需水量增多，应每天浇 1 次水，促进茎叶、雌花和幼瓜的生长。然后在第一个瓜生长和第二个瓜坐稳之后，每天浇一次水，促进果实快长。浇水应选择在天气晴朗的时候，阴雨天应开沟排水。成熟前一般不浇水。

二、冬瓜施肥技术

1. *冬瓜需肥特点*　冬瓜根系发达，需肥量大，耐肥，不耐瘠，适宜在富含有机质的偏沙质土壤中生长发育。对各种肥料均有不同程度的需求，施肥的时候要多施氮肥适当配施磷、钾肥。幼苗期对养分的吸收量少，抽蔓期较多，开花结瓜期是最大养分期。后期需肥量逐渐减少。冬瓜对氮的吸收具有阶段性。一般发芽期的吸收量最少，占总吸收量的 0.01%，幼苗期占 0.07%，抽蔓期占 1.98%，开花初期占 7.97%，结瓜初期占 17.5%，中期占 21.6%，末期占 50.8%。从开花初期至收获时占吸收总量的 98% 左右，由此可见生殖生长对肥料的巨大需求。

2. *冬瓜施肥技术*　冬瓜应重施基肥，合理追肥，特别是在冬瓜生长盛期雨水多，不进行追肥的地区，施足基肥尤为重要。基肥在整地时撒施或做畦时海施，一般每亩地需要施用腐熟的厩肥 2500 ~

3000 千克、堆肥 2500 ~ 4000 千克，或腐熟的有机肥 3000 ~ 4000 千克。也可施用腐熟人粪尿 500 ~ 750 千克、腐熟猪牛粪 750 ~ 1000 千克、过磷酸钙或钙镁磷肥 50 ~ 75 千克，还可在基肥中施用饼肥 40 ~ 75 千克。在保证有机肥充分施用的基础上，每亩地增施 40 ~ 45 千克的硝酸磷钾肥。追肥应注意苗期少施，前轻后重，控制和调节营养生长和生殖生长的矛盾，防止营养过剩徒长。定植时，每 667 平方米沟施或穴施三元复合肥 50 ~ 70 千克。追肥的时候要注意选择合适的时间，切忌在雨后或大雨来临之前施肥。在肥料的选择上，不要大量施用高浓度的速效氮肥，也不要单施速效氮肥。否则，容易引起枯萎病和其他病害发生。定植成活后，每 667 平方米追施硝酸磷钾肥 15 ~ 20 千克。当瓜坐稳后要及时追施催瓜肥，每亩地施用饼肥液 1000 千克或腐熟的 10 倍稀释粪尿液 1000 千克。之后根据瓜秧生长情况，每隔 15 天左右追肥 1 次。果实膨大期是冬瓜植株需肥最多的时期，也是决定产量高低的关键时期。此期应加大追肥量，每次每亩地施用稀释的饼肥液或粪尿肥 1500 千克，或者施用三元复合肥 50 千克。果实成熟期一般需肥量较少，为防早衰，可喷施 0.01% ~ 0.05% 腐殖酸钾或腐殖酸钠溶液，以延长结果期。收获前 10 ~ 15 天不再施用肥料，以此提高果实的贮藏期，方便运输。由于小型冬瓜的果实膨大速度比较快，在瓜柄弯曲下垂果实迅速膨大时，及时追肥灌水，施肥次数应比大瓜型品种减少 1 ~ 2 次。

第四节　冬瓜栽培技术

一、露地冬瓜栽培技术

1. 培育壮苗

（1）浸种催芽　冬瓜的种子发芽速度慢，出芽也不整齐，播种之前要挑选出籽粒饱满的种子，然后放在70～80℃的热水中浸泡一下，边倒水边搅拌，待水温降到30℃时，浸种10小时，捞出后稍晾一下，然后用湿布包好，放在30℃左右的条件下催芽。催芽期间每天用30℃温水淘洗1次，然后晾种，防治种子变质，晾过之后用湿布把种子包好，继续催芽，直到3～4天后发芽为止。每公顷大概用种6～7.5千克。

浸种前，为了消灭种子所带的病菌，最好用40%甲醛（福尔马林）150倍液浸种1～2小时，或用0.1%～0.2%高锰酸钾液浸种20～30分钟。药物浸种后，立即用清水冲洗多次。

（2）适时播种　小拱棚种植一般在4月中旬播种，可以先播种在温室的育苗盘里，等到2片子叶全部展开之后，再移栽到冷床中。

播种前苗床内填上调制好的营养土，营养土的调制同黄瓜育苗。营养土方面积为7厘米×7厘米。全畦播完后，盖严塑料薄膜，夜间加盖草苫。

（3）苗期管理　苗期管理的关键是温度和水分的控制。冬瓜出苗对温度的要求很高，白天应在30℃左右，晚上也不要低于15℃，一般不通风。出苗后，略通风降温，白天保持23～28℃，夜间不低于13℃。当白天外界气温在20℃以上时，可揭开塑料薄膜，使秧苗充分接受自然光照，夜晚用草苫遮盖。在定植前一周的时间内浇水切块，对秧苗进行锻炼。当夜晚温度高于15℃时，不再加盖保温。苗期的水分管理原则是：在播种后或移植后宜保持较高的土壤湿度，其他时间应稍干些，以防止病害发生、控制幼苗徒长。

苗期管理还要注意防除杂草，保证秧苗生长的良好环境和足够的营养供应。

（4）适宜苗龄　冬瓜的适宜苗龄为40天左右，有3～4片真叶，即可定植。苗龄过大，根的再生能力较差，定植后不易缓苗。

2. 整地施肥

冬瓜要种植在排水方便，地势平坦的地方，整地时要早耕深耕，做成宽度约60厘米的垄。冬瓜生长期长，产量高，对肥料要求也多些。整地时每公顷施入腐熟有机肥75000千克以上，并混入225～300千克过磷酸钙。

3. 适时定植

（1）定植期　秧苗定植对温度也有要求，一般经过测量10厘米的土层温度稳定在10℃以上的时候就可以了。小拱棚临时覆盖栽培可在5月下旬定植。

（2）定植方法　选择晴天上午，按株距在垄上开穴。选优质壮苗，带土方栽植于穴内，埋土稳坨后浇透水，水渗后用干细土封好埯。

适宜的栽培密度随着插架和栽培品种的不同而有差异。一般爬地栽培的大果形冬瓜的株距为1.5米，或者也可以隔垄定植，株距75厘米；小果形株距为50厘米左右。如果上架栽培，可适当加密些。

4. 田间管理

（1）追肥灌水　冬瓜耐湿，它既有很大的蒸腾面积，又有很庞大的吸水能力，因此灌水要根据具体的生长时期以及冬瓜自身特点等因素来综合考虑，适时适量施肥。这样不仅有利于产量的提高，而且可以提高瓜类品质。还能增加抗逆性，起到防病治病的作用。

一般缓苗后浇透缓苗水后，要适当控水以利根系发育，直至坐瓜前，如果缺水，也要小水浇灌。坐瓜之后，就要灌水施肥 1 次。可以每公顷穴施优质农家肥 30000 千克，或 7500 ~ 11250 千克腐熟的大粪干，也可施硝酸铵 525 ~ 600 千克。以后的灌水次数和灌水量以保持地表经常微湿为准，切不可湿度过大，以防烂果和枯萎病的发生。

当冬瓜的果实张粉的时候，可以每公顷施用 525 ~ 600 千克的硝酸铵，为了促进果实膨大，也可以再施用一次磷肥。

进入结瓜盛期，正处于多雨季节，要及时排水。可加施 1 ~ 2 次腐熟的人粪尿或少量硫酸铵（硫铵）。瓜接近成熟时要严格控制浇水。

（2）中耕除草　缓苗水灌溉之后，要及时中耕，除掉杂草的同时，可以提高土壤的墒情和温度，促进根系生长，苗壮而不徒长，为花芽分化创造条件。当茎叶封垄后，不便再中耕除草，但要及时拔除大草。

（3）整枝压蔓　通过整枝、压蔓等植株调整方法，调节植株生长和结瓜的关系，对冬瓜的丰产丰收十分重要。

栽培冬瓜的时候一般都只保留主蔓结瓜，侧蔓全部摘掉。主蔓留瓜的数目视具体的品种而定，大果型利用主蔓留 1 个瓜，最好在 23 ~ 35 节留瓜。小果型可留 2 ~ 3 个瓜，留瓜节位稍低些有利早熟。主蔓 45 ~ 50 片叶摘心或不摘心。

爬地冬瓜一般主蔓和侧蔓都用来结瓜。大果型冬瓜在主蔓结瓜之前要摘掉所有的侧蔓，主蔓瓜坐稳之后可以适当留几个侧蔓，以增大叶面积。小果型冬瓜可在主蔓留 1 ~ 2 个瓜后，留一侧蔓，让侧蔓再结一个瓜，并在瓜前留 5 ~ 6 片叶摘心。

为了充分利用光照，田间管理期都要引蔓，让瓜蔓均匀地分布在可以利用的生长空间。架育冬瓜在抽蔓后要插“人”字形架，在架中部绑横杆，由于冬瓜蔓很长，因此要盘蔓、压蔓后再引蔓上架。即主蔓长到 10 ~ 20 节时，将蔓绕在根的周围，经盘蔓后，在龙头下边 2 ~ 3 个叶的地方用土把瓜蔓压牢，促进新根的生长，空头要靠近架子的基部，便于枝蔓爬上架子。在茎蔓长长之后，每 3 节绑 1 次，一般绑 3 ~ 4 次，蔓即可到架顶。通过盘蔓、绑蔓的调节，最好将瓜坐在立杆与横杆交叉处，这样便于吊瓜。

爬地冬瓜种植要适时压蔓，防止大风时节瓜蔓在田间随意滚动，压蔓同时有利于不定根的产生，扩大吸收面积。具体的做法是：宽行距时，2 行冬瓜可以各向对方 1 行引蔓；行距窄时，向同一方向引蔓。当蔓长 1 米左右时，用土埋住 1 ~ 2 节茎蔓，隔 10 节左右再压 2 道。

（4）保果吊瓜　为了提高冬瓜坐果率，生产上经常采用人工授粉的方式。人工授粉的时间要选在上午，把刚开放的雄花去掉花冠，往雌花柱头上轻轻涂抹，使花粉粘在柱头上。也可用 15 ~ 20 毫克/千克 2，4-D 涂抹果柄来提高坐果率。生产中，要尽量使冬瓜果实不暴露在烈日的灼晒下，可以利用遮挡物或叶片遮阴。

当架冬瓜的果实长到 3 千克左右时，应及时吊瓜。常用麻绳或撕裂绳“8”字形套在果柄上，“8”字形的交叉点在果柄弯曲处的底部，绳的上部系在横杆上。系绳子的时候要注意松紧度，保证全部由绳子来承担冬瓜的重量。爬地冬瓜的果实经常会与地面有接触，为了防止出现“一边白”的现象，可用草或土将瓜垫高，以免地面湿热引起烂瓜或地下害虫的危害，并经常转动。

二、塑料薄膜大棚冬瓜栽培技术

1. 培育壮苗

(1) 适时播种，浸种催芽　冬瓜种子发芽慢且不整齐，要用开水烫种，待水温降至室温时，浸泡1天，捞出后揉搓干净，然后在30℃的温度条件下催芽。催芽期内，每天都要用温水清洗1次种子，保温、通气、防止坏种。待3~4天发芽后即可播种。每公顷用种量6千克左右。

(2) 播种日期　苗龄以45~55天为宜。单层棚4月下旬定植，多层覆盖的可以4月中旬定植。按定植期和苗龄进行推算，一般温室种植可以在2月末到3月初的时间播种。

(3) 播种方法　如果有沸腾炉渣，最好用其作播种基质。因炉渣经高温消毒，可以避免土传病害，而且通透性好，有利冬瓜的根系发育。实践证明，用炉渣播种比用营养土播种苗齐苗壮，根多且白，病害较少。

播种之前要把炉渣放入播种盘内，刮平，用水浇透，按照2厘米的间距把冬瓜种子摆在上面。然后覆上一层干炉渣，刮平并稍作镇压。为防止水分蒸发过快，未出苗前用报纸盖上，置于温暖处等待出苗。

2. 苗期管理

(1) 分苗　子叶展平后，分苗于直径8厘米的营养钵或纸钵中。

(2) 温度调控　大棚栽培一般在温室内育苗，可以采用温度调节的方式保证秧苗生长的正常需要。冬瓜育苗期温度管理可分为4个阶段：种子发芽至子叶充分展开，这时以促进种子发芽、出土和展叶为目标，日温应保持在30~35℃，夜温不低于13℃。在子叶展开到幼苗成熟期内，要保证日温高于30℃，夜间温度高于13℃，促进幼苗根系的生长和植株发育。缓苗后至2片真叶展开时，即移植后应抑制幼苗生长，防止徒长，下胚轴要短，以免出现“长脖苗”，日温保持在26～28℃，夜温10～13℃。在植株的2～4片叶子伸展开的时候要逐渐延长炼苗时间，提高幼苗对环境的适应度，防止后期疾病的发生。这时的日温应该保持在22～26℃之间，夜间温度要保持在22～26℃之间。

为了达到上述冬瓜生育的适宜温度，前期要适当加温，后期逐渐加大通风量降温。但要注意，阴天夜温不要过高，要比晴天低几度，以防徒长。幼苗在不同的温度条件下，形态表现不同。

温度较高的时候，叶色黄绿、叶片较薄，下胚轴较长；温度低的时候，叶片黄绿色，生长速度缓慢；温度适当时，叶色青绿，叶片肥厚，下胚轴短。在生产中，可根据幼苗的形态变化来调节温室内的温度。冬瓜比黄瓜各阶段温度高1～2℃为宜。

（3）水分管理　秧苗一般在未出苗前和移植之后对水分的要求较高，其他时间可以适度干燥，有的时期还要控水。2片真叶展开前就需要适当控水，否则如果再配以高温，幼苗更易徒长，出现“长脖苗”。定植前要降温控水，加强秧苗锻炼，以增强抗性，使之能适应定植之后的外界环境。如果苗期发现叶片上举、叶色较淡，中午的时候也不萎缩，那就说明水分比较充足。水分缺乏时，叶色深绿，叶片失去光泽，严重时早晚萎蔫也不易恢复。水分合适时，植株叶色青绿而有光泽，叶片肥厚，幼苗健壮。

（4）其他管理　除了做好水肥管理之外，光照也是影响幼苗生长的一个重要因素。在保证幼苗生长适宜的温度环境的条件下，温室外的草苫等覆盖物要尽量早揭晚盖。幼苗期最好叶面施肥1～2次，可叶面喷施0.1%～0.2%磷酸二铵溶液。及时倒苗，使苗齐苗壮。消灭杂草，并积极防治病虫害。

3. 适时定植

(1) 整地施肥　整地的时候要深翻地20厘米，然后每公顷施用优质农家肥6万千克，然后整平耙细，做成1.2米的高畔，提前1周覆好地膜，灌透水。

(2) 定植期　在4月下旬，与黄瓜同期定植或稍晚。

(3) 定植密度　如果植株超出架后能吊于大棚架上，不精细整蔓放任生长，则要稀植，即双行、株距1.5米左右。如果后期要整蔓摘心，就可以按照双行栽培，株距保持在50~75厘米。

(4) 定植方法　选寒末暖初的晴天上午，挖好埯，施口肥磷酸二铵每埯5克，肥与土拌匀。选优质壮苗，栽入埯中，浇透埯水和沟水。水沉后用土封好埯。

4. 定植后管理

(1) 植株调整　缓苗水干了之后要立即用竹竿插架，把藤蔓绑到支架上。一般在主蔓没有结瓜之前，侧蔓要全部摘除，主蔓结瓜后，再于侧蔓留几个瓜后摘心。大棚早春栽培不利于坐果，要辅助人工授粉和人工吊瓜。

(2) 肥水管理　待瓜坐住后施1次催瓜肥，以后再施2~3次肥、穴施，每公顷施磷酸二铵225千克左右、硫酸钾120千克左右，施肥后要灌透水，缓苗结束后也要及时浇水，促进秧苗快长。

(3) 通风管理　缓苗期密闭保温，促进缓苗。缓苗后稍稍降温，温度超过30℃就要通风降温。随着外温的升高，加大通风量，当温度低于25℃时停止放风。当夜温高于12℃以上时昼夜通风。无限生长栽培可以将采收期延长到9月末，到9月中旬的时候一般就不再放风。

第六章 瓜类蔬菜病虫害防治

第一节 瓜类蔬菜病害防治

一、生理性病害

（一）花打顶

冷凉季节种植黄瓜，植株顶端不形成心叶而出现花抱头现象，其生长点不再向上生长，生长点附近的节间缩短，开花节位上升，严重的在顶端开花，开花后瓜条不伸长，同时瓜秧停止生长。

1. 发生原因　花打顶的发生原因多种多样，一般包括缺少肥料、土壤干旱、夜间气温低于15℃、土壤溶液浓度过高，根系受到伤害等因素。烧根型花打顶是由于定植时穴施或沟施的有机肥过量，定植后浇水不及时，土壤相对含水量低于65%，土壤的溶液浓度过高，造成根尖枯死或出现铁锈，根系无法吸收养分，所以造成花打顶。沤根花打顶是棚室地温低于10℃，土壤相对含水量高于75%时，黄瓜根系生长受限，导致沤根，从而出现的病花现象。低温型

花打顶主要是夜间温度低于10℃造成的叶面凹凸不平或皱缩，植株矮小而出现营养障碍型花打顶。伤根型花打顶是瓜苗或植株根系受到伤害，长期未能恢复，造成植株吸收养分受抑，出现花打顶。

2. *防治方法* 防治烧根引起的花打顶，一般要及时浇水，保证土壤的相对含水量高于65%，而且浇水后要及时中耕。对于沤根引起的花打顶，应将棚室地温提高至10℃以上，当发现根系出现灰白色水渍状时，要停止浇水，马上中耕晒土。这时要摘除已经成熟的小瓜，促进新根的生长。当新根长出后，即可转为正常管理。对于夜温低而导致的花打顶，要提高夜温，前半夜气温要求达到15℃，后半夜保持在10℃左右就可以了。对于曾经由于伤根造成过花打顶的植株，中耕的时候要尽量少伤根，以提高根系活力。发生花打顶后，要摘除雌花，以促进生长。如果供肥不足，可喷施0.2%～0.3%的磷酸二氢钾溶液。

（二）化瓜

化瓜主要是指刚坐的瓜或正处于发育阶段的小瓜停止生长，从瓜尖开始逐渐发黄、干枯，最终脱落。

1. 发生原因 雌花谢花时灌水过多，土壤透气不良，根系活力较弱，或大瓜摘得过晚，各器官争夺养分，造成幼瓜养分供给不足而黄化。在连续阴雨，光照不足的条件下，幼瓜生长得不到充分地营养供应而被迫停止生长。另外，温度高，光合产物少，营养消耗多，也可造成幼瓜营养不足。在氮肥充足，而水量过大，光照不足的情况下容易使植株空长。低温弱光，一节多瓜的情况下，也会容易导致化瓜出现。

2. 防治方法 加强栽培管理，适当控制浇水，加强通风，增加光照，提高光合强度，早揭膜晚盖膜，尽量延长光照时间。控制好温湿度，白天温度控制在 25～28℃，并适时叶面喷施 0.1% 的硫酸锌溶液等都可以防止化瓜出现。

（三）畸形瓜

1. 弯瓜 主要是由于种植过密，结瓜较多，或摘叶多，雌花小，发育不全，干旱伤根，造成营养供给不足。生产中应注意合理密植，加强栽培管理，保证肥料的供应，主要施用有机肥，辅助施用锌、硼等有机肥料。

2. 尖嘴瓜 开花时温度过低，造成授粉受精困难；土壤湿度过大，或持续高温，土壤缺肥或肥料过多，阻碍根系吸收；结瓜多，土壤缺肥，营养不足、土壤溶液浓度过高的情况下都可能会出现尖嘴瓜。在防治的时候可以选用单性结实能力强的品种；科学施肥，多施有机肥，少施化肥；避免大水漫灌，调控好温湿度；及时采收等措施进行预防。

3. 粗尾瓜 粗尾瓜的产生主要是由于植株摘叶过多、栽培密度太大、光照不足以及氮磷钾等微量元素缺乏造成的。可采取增施有机肥，合理密植，增强光照等措施进行预防。

4. 蜂腰瓜　蜂腰瓜又称细腰瓜。瓜条中部一处或几处变细，似蜂腰状。纵剖瓜条，可以看到许多褐色的龟裂或空洞。发病初期在外挂上看不到细腰状，但内部有空洞或龟裂现象。一般由在花芽分化和花芽发育中出现障碍引起。如连续高温干燥，植株长势减弱，或长势过旺，通风透光性差，高温高湿等。另外，植株生长期缺钙、钾、硼等元素可能会引发蜂腰瓜的出现。可增施有机肥，每 667 平方米施硼砂 2 ~3 千克，或叶面喷 0.1% ~0.2% 硼砂溶液。同时，生产中应防止偏施某种元素。

5. 大肚瓜　大肚瓜出现的主要原因包括以下几个方面：瓜类受精不良，只在瓜的前部有种子发育，导致瓜条先端瓜肉组织特别肥大。或过量施用氮肥，导致钾肥缺少。或生长周期内供水不均，生长前期缺水，而后期大量供水。生产中通过合理密植、增加光照、防止大水漫灌、增施有机肥以及叶面喷施磷酸二氢钾等钾肥和硼肥等方法都可以有效防治。

（四）瓜类蔬菜缺素症

1. 缺硼　缺硼会导致顶芽停止生长，逐步枯萎死亡，根系不发达；叶色暗绿，叶形变小、肥厚、皱缩；植株矮化，花发育不健全，果、穗不实，蕾花脱落；果实心腐或坏死。

2. 缺锌　缺锌叶片上出现斑点，逐渐叶片失绿；生长后期，果实短粗，果皮出现绿白相间条纹。

3. 缺锰　缺锰新叶的叶肉缺绿变黄，而叶脉仍为绿色。

4. 缺铁　植株缺铁一般都会导致缺绿症的出现，初期表现为幼叶的叶脉黄化，逐渐发展到叶片全部失绿。也有的一开始整个叶片就呈黄白色。因铁在体内移动性小，所以一般表现为新叶失绿，而老叶仍保持绿色。

5. 缺铜　缺铜叶片尖端变白，边缘黄灰色。

植株缺素症发生之后，可以根据不同的栽培情况采取相应的栽培管理方式，配合施用相应的微量肥料。一般微量元素的喷施浓度为：硼酸或硼砂为0.1%、钼酸铵为0.01%～0.1%、硫酸锌为0.02%～0.1%、硫酸锰为0.1%、硫酸亚铁为0.75%～1%、硫酸铜为0.02%～0.04%。为了提高喷施的效果，也可以在喷液中加入洗衣粉、白糖、洗洁精等中性黏着剂。

二、传染性病害

（一）霜霉病

1. 发病症状　主要危害叶片。初发病时，叶背出现水渍状淡黄色的小斑点，随着病情的发展，病斑逐渐扩大，受叶脉限制形成多角形黄色斑。发病严重之后，小块病斑就逐渐连为一体，形成较大的病斑。在潮湿的环境条件下，病斑的表面可能会长出灰黑色的霉质层，并最终导致植株的全部枯死。

2. 防治方法

（1）农业防治　选用抗病新品种，加强栽培管理，采用高垄地膜覆盖栽培，进行膜下浇水，减少浇水次数。加强通风，降低空气湿度。增施磷、钾肥，提高植株的抗病能力。结瓜之后要及时摘除下部的黄叶和老叶，在叶面喷施0.2%磷酸二氢钾溶液，或白糖、尿素、水按1∶0.5∶100比例配制的混合液。

（2）高温闷棚　在晴好的上午，密闭大棚，使棚室内的温度提高到45～48℃之间，然后闷棚2小时。到时间后适当通风，使棚室温度逐渐下降，恢复至正常管理温度。注意闭棚前1天必须浇水，植株较高的应将其生长点向下压低一些。

（3）药剂防治　发病初期用药主要有75%百菌清可湿性粉剂500～600倍液，25%甲霜灵可湿性粉剂800～1000倍液，或72%霜脲·锰锌可湿性粉剂600～800倍液，或72%霜霉威盐酸盐水剂600～1000倍液。也可用45%百菌清烟剂，按照每亩地250克的用量施用。或者每亩施用5%百菌清粉尘剂1千克，间隔7～10天后用药1次，连续防治3～5次。发病严重时，用72.2%霜霉威盐酸盐水剂800倍液，或72%霜脲·锰锌可湿性粉剂600倍液，或69%烯酰·锰锌1000倍液，加白糖150倍液、尿素300倍液喷施防治，注意用药的时间和间隔，喷药一般都在下午，间隔5～7天，连续用药不超过3次。

（二）白粉病

1. 发病症状　主要危害叶片。初期叶背及叶面产生白色圆形粉状斑点，扩大后成片，并长一层白色粉状物，随后逐渐变为灰白色，叶片变黄后干枯死亡，不脱落。

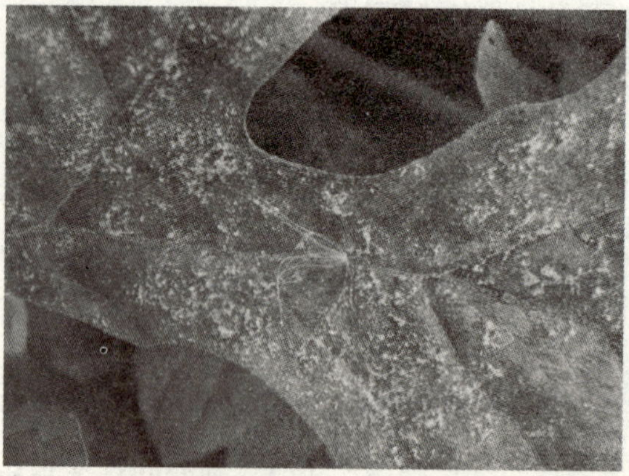

2. 防治方法

（1）综合防治　选择具有较高抗病能力的品种，在定植前用百菌清烟剂或者硫黄粉消毒，每55立方米棚室内用硫黄粉0.13千克、锯末0.25千克；或百菌清烟剂每667平方米用药250克，分放几处，于傍晚点燃后密闭1夜，翌日早上打开棚室通风。在定植后做好肥水管理，防止植株空长。

（2）药剂防治　可选用40%氟硅唑乳油8000～10000倍液，或25%三唑酮可湿性粉剂1500倍液，或2%嘧啶核苷类抗菌素（农抗120）水剂100～200倍液，或50%多菌灵可湿性粉剂600～800倍液喷雾，以上各种药剂要交替使用，用药间隔为7～10天，连续用药2～3次。

（三）细菌性角斑病

1. 发病症状　主要危害叶片，也危害茎和瓜。先侵染下部老熟叶片，逐渐向上部叶片发展。叶片受害之初，出现针头大小水渍状斑，后变淡褐色，受叶脉限制发展成多角形，呈淡黄色或褐色，叶片边缘出现黄色的晕环。空气湿度较大的时候叶背面斑上产生白色菌脓，干后为一层白色透明膜。空气干燥时，叶背菌脓脱水形成白痕，病部质脆，破裂穿孔。严重时，叶片萎缩、干枯，直至脱落。如果是幼苗期子叶染病，初期一般呈水渍状的小圆斑，稍凹陷，后成黄褐色。茎及果实上病斑水渍状，近圆形，后变为淡灰色，病斑中间常产生裂纹，凹陷。潮湿时，病斑上产生菌脓，并向果肉部分侵入，导致果肉变质和腐烂。较老的病斑一般是灰白色的，上面有溃烂状的裂口。发病严重时可侵染瓜肉组织，使瓜肉变色，并侵染种子，使种子带菌。幼瓜染病，常出现畸形瓜或腐烂早落。

2. 防治方法

（1）综合防治　角斑病的防治可以选用优质的抗病品种，并在播种之前给种子消毒。具体可用温汤浸种或用50%代森铵水剂500倍液浸种1小时，或用40%甲醛150倍液浸种1.5小时，然后用清水淘洗干净。发病较重的地块要降低作物轮作概率，下次播种同一作物的时间间隔至少在3年以上。同时要注意通风降湿，及时清除病残体并集中销毁。

（2）药剂防治　发病初期喷洒50%琥胶肥酸铜可湿性粉剂800倍液，或90%新植霉素可溶性粉剂5000倍液，或70%氢氧化铜可湿性粉剂400倍液，或50%代森铵水剂1000倍液，每7～10天喷1次，连续防治3～4次。当秧田出现霜霉病和细菌性角斑病伴发的情况时，可以用78%波尔·锰锌500倍液，或40%甲霜铜可湿性粉剂600倍液喷洒防治。

（四）枯萎病

1. 发病症状　枯萎病是一种主要对幼苗的根部和茎部产生危害的疾病。发病的时候茎部变为黄褐色，子叶萎蔫下垂，根茎部腐烂。成株期一般在结果初期发病，病株表现为从下向上逐渐萎缩下垂，形似缺水。几天之后，在发病植株的基部流出琥珀色的胶状物，潮湿时，茎基部长出粉红色或白色的霉层，切开茎基部可以看到维管束变褐，是枯萎病的重要特征。随着病情发展，病株迅速干枯而死，茎基部纵向分裂成麻丝状，此时很容易拔除。

2. 防治方法

（1）综合防治　选用抗病新品种。与非瓜类蔬菜及大葱、韭菜等作物轮作。采用高垄栽培和膜下浇水，并排除积水，通风透光，增施磷、钾肥。采用嫁接育苗的栽培方法，靠日光的照射消毒。具体做法是每亩地用稻草1000千克切成4～6厘米长，均匀撒在地面上，再均匀撒上100千克石灰，然后深翻土地25厘米以上，盖上地膜，浇足水，密闭棚室 15～20 天，当土壤的温度达到 60～70℃ 的时候，对线虫和枯萎病的防治作用十分突出。

（2）药剂防治　于发病初期用 50% 多菌灵可湿性粉剂 500 倍液，或 70% 甲基硫菌灵可湿性粉剂 800 倍液喷雾。或用 70% 敌磺钠可湿性粉剂 1000 倍液灌根，7 天灌 1 次，每次灌量约 250 毫升，连续灌 3 次。

（五）疫病

1. 发病症状　主要危害茎基部、叶及果实。幼苗受害多从嫩尖染病，初为暗绿色水渍状萎蔫腐烂，病部明显缢缩，病部以上的叶片渐渐枯萎，造成干枯的秃尖。叶片染病的时候，可以发现有暗绿色的水渍状病斑，在气候潮湿的时候，病斑很快扩展成大斑，边缘不明显，全叶腐烂。成株期发病，多从嫩枝，侧枝茎基部发病，病部水渍状暗绿色，明显缢缩并腐烂，病部之上的茎叶全部枯死。瓜条染病的时候，会产生暗绿色的水渍状凹陷斑。湿度大时病害发展迅速，瓜条萎缩，后期病部长出稀疏灰白色霉层。茎基部维管束不变色，在后期病部长出稀疏灰白色霉层。

2. 防治方法　采用轮作的栽培方式；利用高垄栽培，上覆麦秸和地膜；做好麦田防水工作，采用膜下暗灌的灌溉方式；注意田间通风透光。及时清除田间残株病叶并销毁。播种前进行种子消毒，可选用 40% 甲醛 100 倍液浸种 30 分钟，捞出洗净晾干备用，或者可以用占种子重量 0.3% 的 25% 甲霜灵可湿性粉剂拌种，或者用 25% 可湿性粉剂 600～800 倍液浸种 30 分钟。发病初期可选用 90% 霜脲·锰锌可湿性粉剂 700～800 倍液，或 75% 百菌清可湿性粉剂 600 倍液喷雾，或 64% 霜·锰锌可湿性粉剂 500～600 倍液。也可用 25% 甲霜灵可湿性粉剂加 40% 福美双可湿性粉剂（1∶1）800 倍液灌根，每间隔 10 ~ 15 天灌根 1 次，每次灌量为 250 毫升，连续灌施 3 ~ 4 次。

第二节 瓜类蔬菜虫害防治

一、茶黄螨

1. *发生与危害* 茶黄螨是一种主要对嫩叶产生危害的虫类，又称为“嫩叶螨”。这种害虫的繁殖速度非常快，每年大约可以繁殖 25 代。叶被害后，背面变褐色带油光，叶片扭曲畸形，严重的顶部干枯。花、瓜受害后，不开花，不坐瓜，瓜皮黄褐色、木栓化、龟裂。

2. *防治方法* 具体防治方法和药剂很多，可以用 25% 噻菌酮可湿性粉剂 1000 ~ 1500 倍液，或 10% 四螨嗪乳油 3000 倍液，或 73% 炔螨特乳油（克螨特）1000 倍液喷雾防治。每 5 ~ 7 天喷 1 次，连喷 2 ~ 3 次。前茬作物收获后，及时清除残枝落叶，集中烧毁，全棚喷药，杀死残虫。

二、红蜘蛛

1. *发生与危害* 红蜘蛛是一种容易在高温干燥的气候条件下繁殖的瓜类害虫，繁殖速度也很快，每年可以产生 20 代。当温度超过 30℃、空气相对湿度大于 70% 时不易发生。在叶背面以刺吸式口器吸食汁液，并结成丝网，受害叶片褪绿，出现白色小点，然后叶片干枯。一般先危害下部叶片，继而自下而上蔓延。

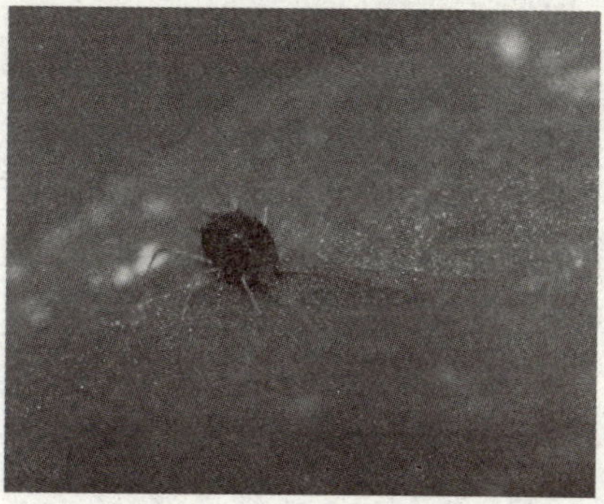

2. 防治方法　及时摘掉植株衰老的叶子，防止老叶带病。地表出现干燥迹象后及时浇水，调节棚内温湿度，创造高温高湿的环境，抑制其蔓延。药剂防治可用20%双甲脒乳油2000倍液，或1.8%甲氰噻螨酮乳油2000倍液，间隔7~10天喷施1次，连续使用不超过3次。

三、蚜　虫

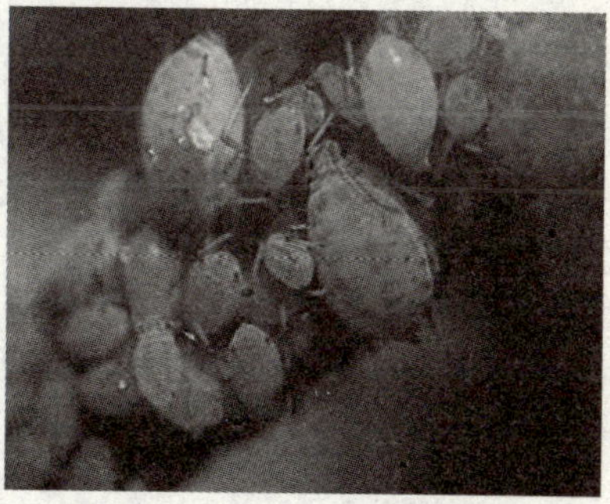

1. 发生与危害　蚜虫的种类多样，除了危害瓜类的蚜虫之外，还有桃蚜和豆蚜等。蚜虫1年可发生20~30代，终年危害。群集在叶片背面和嫩茎上，以刺吸式口器吸食植株汁液，导致叶片发黄、变质，甚至最终枯萎。

2. 防治方法　用25%喹硫磷乳油1000倍液，或10%氯氰菊酯乳油2000倍液，或5%抗蚜威可湿性粉剂2000倍液喷雾防治，每3~5天喷1次，连喷2~3次。用灭蚜烟剂也可以防治蚜虫，一般每亩用量350克。

四、蓟　马

1. 发生与危害　蓟马可危害瓜类及茄子、豆科等蔬菜。若虫呈黄色，成虫棕黄色，故又叫棕黄蓟马。这种害虫终年可以繁殖，每年发生15代左右，数量世代累积，不仅在叶片背面啃食，还可以钻到花瓣内部吸取嫩叶、嫩梢、花和幼瓜的汁液。受到感染的茎梢、花和幼瓜等颜色变黑，缩小严重影响作物生长。

2. 防治方法　用25%喹硫磷乳油1000倍液，或10%高效氯氰菊酯乳油2000倍液，再加入等量的增效剂或消抗液等防治。每3~5天喷1次，连喷2~3次。

五、潜叶蝇

1. 发生与危害　潜叶蝇是一种主要危害叶片的双翅目潜叶蝇类害虫，常见种类有紫云英潜叶蝇、水蝇科的稻小潜叶蝇、豌豆潜叶蝇、花蝇科的甜菜潜叶蝇等。这种害虫繁殖速度很快，每年可以发生4~5代。幼虫潜入到叶片的表皮下取食绿色组织，在叶面上留下许多不规则的线状隧道。危害严重的可以导致叶片枯萎甚至死亡。幼虫有时候也会潜食瓜类的花梗，影响产量的提高。

2. 防治方法　发现带病的植株后要及时销毁，或者用10%高效氯氰菊酯乳油2000倍液，或20%氰戊·马拉松（增效）乳油2000倍液，或25%喹硫磷乳油1000倍液加入等量增效剂防治，每间隔3~5天喷施1次，连续施用2~3次。

下　篇
豆类蔬菜生产技术

第一章 菜豆生产技术

第一节 菜豆的生物学特点

一、菜豆的生物学特性

菜豆是一种喜欢温和气候的豆类蔬菜，对低温、高温和霜冻的抵御较弱，所以适合在气候温暖的季节种植。

菜豆嫩荚富含碳水化合物、膳食纤维素及人体所需的多种维生素、矿物质和氨基酸，营养价值较高。菜豆食用方式十分多样，可以用来凉拌、炒食或煮制，也可以用来制作罐头食品、脱水晾干、速冻贮藏和腌渍加工等，供出口与内销；菜豆的秸秆还是优质的饲料。大力发展菜豆生产与出口，投资风险小而前途广阔。

部分菜豆的种子性味平和，具有利尿、滋补、消肿等多重药用功效，可以作为中药使用。

中医用它来治疗脚气和水肿病，疗效显著。现代医学证明，菜豆种子中含有植物性血细胞凝集素，用于癌症的临床治疗。另一方面，菜豆的种子中也有一种带毒物质，主要是氰化物。

在长期人工选择过程中有毒物质逐渐减少，氰化物受高温可分解。现有的菜豆栽培品种中氰化物含量较低，煮熟后食用安全。

（一）菜豆的营养器官

菜豆的营养器官指的是菜豆的根、茎、叶。

1. 根　菜豆是直根系作物，它的侧根比豇豆发达。菜豆的种子出芽后，芽尖直接生长成为它的主根，在种子发芽后不久就可以长出侧根，到子叶出土的时候就已经长出了7～9条侧根。第一对对生单叶展开时已出现了二级侧根，第一片复叶展开时已成稠密的根群。成龄植株的根深入土壤层可达60～80厘米。侧根的分布直径更是可以达到60～80厘米，用来为植株的生长提供养分的菜豆根系分布在地下15～40厘米的土层内，主、侧根粗度相近，主根不明显。它的根系发达，生长迅速，入土较深，分布范围较广，能吸收土壤深层的水分和营养，因而菜豆具有较强的耐旱性，对各种土壤也都具有较强的适应性。但是菜豆的根系老化的速度很快，很快就失去再生能力，因此，栽培上多以直播为主。

菜豆的根有根瘤，但不如大豆的根瘤多，生长也较慢，固定氮的含量也较少，难以满足自身生长的需要。所以对菜豆施用氮肥效果仍明显。菜豆生长的前期，为促进菜豆根系的生长和根瘤的生长，多施农家肥作底肥，同时适量施用少量的速效氮肥。栽培的时候要适时铲地、蹚地，调节土壤的水气平衡，提高土壤温度，以利于根系的早日形成。菜豆的根因品种不同而有所不同。通常来讲，早熟植株开花结果早，营养器官生长发育速度快，但是根系很弱，单株产量不高。

而晚熟的品种根系较发达，开花迟，茎较粗，侧枝也多，单株产量高。

2. 茎　菜豆的茎是草质的，内含丰富的营养物质，其中水分的含量约11%、蛋白质为6%、脂肪为1.5%、无氮浸出物为34.4%、纤维素为40%、灰分为7.5%、磷为0.1%、钾为1%，钙为1.7%，可以用作优质家畜饲料。蔓生菜豆属于无限生长的菜豆类型，基部1~3节较短，且较粗，5节以后茎节间拉长，最长可达30厘米。茎的叶芽也可萌发，发育成侧枝，有的品种甚至可以分生出3~4级的侧枝。蔓生的菜豆开始时直立生长，抽蔓开始就逆时针开始缠绕生长，一般蔓长200~350厘米，环境好可以长得更长，因而栽培上需要支架和适当引蔓，但不需绑蔓。茎的节上着生叶片，叶腋处着生花序。部分品种侧蔓分生较少，适合适度密植。由于蔓生菜豆具有采收期长、品质优、产量高等特点，所以在我国种植范围很广。矮生菜豆为蔓生型菜豆的变种，属有限生长类型，茎直立，株高一般在50厘米以下，主茎伸长4~8节后，因为生长点分化成为花芽而开始封顶。植株的分枝能力很强，主茎的每个叶腋均能抽生出侧枝，以后侧枝顶端也分化出花芽而封顶，叶腋也可以着生花序，但花序一般很短。矮生菜豆一般都植株矮小，不需要支架占地，可以适当密植。

菜豆的生育期短，荚果采收集中，可采用机械化采收减少用工量，因而深受美国等地种植者的欢迎，但单产较低些。在我国也有少量种植。

半蔓生型菜豆和蔓生型菜豆的特点基本相同，前期管理和蔓生品种相似，但是后期也能抽出较短的蔓，有较弱的分枝能力，但产量较蔓生品种低，又同样需要搭架，因此较少种植。

3. 叶　菜豆的叶片是心形或三角形的总状叶脉。在菜豆苗出土的时候子叶就可以出土，但是这时还不能进行光合作用，主茎上着生的第一对叶片为对生单叶，以后的各叶片均是由3片小叶组成的互生复叶，极少见到5出复叶。叶柄基部两侧有卵状的披针形托叶着生。叶片作为重要的营养器官，主要是通过光合作用把吸收的阳光转化为植物所必需的营养，供给植物各个器官的生长。

（二）菜豆的生殖器官

菜豆的生殖器官由花、果实、种子三部分组成。

1. 花　菜豆的花为蝶形花，花有红、白、粉、紫等多种颜色，花色随着品种的不同而产生差异。大多数菜豆的花为总状花序，也有的品种是一对单生花，一个花序可分化出6～10朵小花，有的还要多些。多花菜豆的花序长、花量大、花期长，可达二三十朵。早熟的菜豆品种在第2～5个节位之间出现花序，晚熟品种的花序一般出现较晚。

菜豆的花有5片花瓣，最里面的一片花瓣叫龙骨瓣，龙骨瓣的基部开裂，长成筒状，将雄蕊和雌蕊包裹在内，在前面盘起来，最前端开一个小口。菜豆一般都采用自交育种，很难杂交。

蔓生菜豆花期较长。在夏季凉爽的地区可从始花期一直持续到结霜之前，但是始花期要迟于矮生菜豆品种。蔓生菜豆一般按照从下到上的顺序陆续开花。矮生菜豆始花期较早，开花不太规则，多数品种植株顶部的花先开，中、下部的花后开。虽然菜豆的花芽很多，但是成果率不高，一般只有30%左右的花可以结荚。

影响菜豆的结荚率的因素是多方面的，如开花时的温度、湿度、光照、土壤的肥力、水分等都在一定程度上影响菜豆的结荚率。

菜豆一般在凌晨到上午开花，开花前数小时即完成授粉，当看见花开的时候，它已经完成了授粉。温度过低、过高、干旱或者空气湿度太大的时候都不利于菜豆授粉、受精，导致菜豆落花和落荚。

2. 果实　菜豆的果实为豆荚，俗称豆角。豆荚皮的构造从外到内依次为外表皮、外果皮、中果皮、内果皮和内表皮。外表皮和外果皮长在一起，不容易分开。软荚类菜豆的果皮细胞壁不会增厚，不会产生革质。嫩豆荚的荚壁为肉质，纤维很少。

豆荚两侧缝线处纤维也不发达，采食风味最好，生产上主要食用嫩豆荚。硬荚类品种的中果皮会随豆荚一起长大，细胞壁增厚，产生革质膜，使嫩荚失去食用价值，主要以种子作为产品食用。按照豆荚的形状分，可分为扁条形或圆棍形；按嫩荚的颜色分，有绿色、淡黄色、紫红色、浅绿色、绿底花斑等多种颜色。豆荚老熟后就不再发绿，在豆荚的两边着生有背缝线和腹缝线，种子就着生在腹缝线的附近。腹缝线和背缝线维管束不形成纤维素的为无筋，形成纤维素的为有筋。豆荚基部有短的果柄。软荚菜豆不同品种之间嫩荚的老化速度以及缝线处维管束的发达程度也存在一定差异，所以那些嫩豆荚容易老化的品种要及时采收。

菜豆植株开花期所结的豆荚，多数发育正常，荚内着生有正常种子。而在开花后期，或遇到干旱、水肥不足，在土壤水分过高、气温失常的恶劣气候条件下，经常会在豆荚内产生发育不完全的种子，这与栽培技术有一定的关系。

3. 种子　菜豆的种子是老熟的种子，豆瓣是它的子叶，种子的营养物质都储存在豆瓣里面。一般单个豆荚结子数量为 4 ~ 10 粒，有些品种结子数更多。菜豆种子较大，千粒重为 300 ~ 1500 克，少数品种为小粒种子，千粒重在 300 克以下。菜豆种子形状和颜色多种多样，有肾形、球形、椭圆形、纺

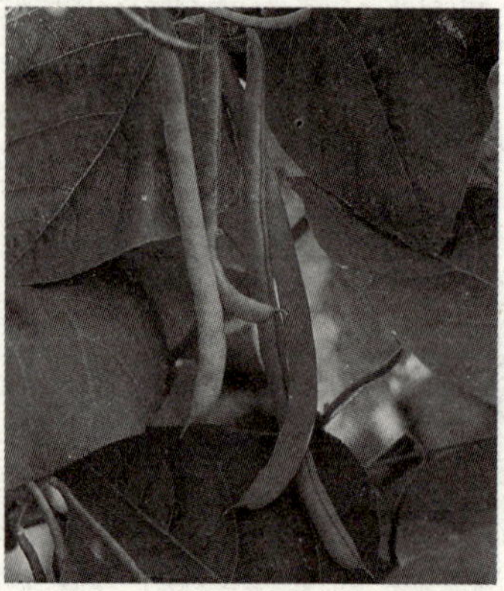

锤形或圆筒形等，种皮颜色也多种多样，常见的有蓝色、白色、黑色、土黄色、棕褐色、红色等。

菜豆种子寿命一般在2~3年，贮藏条件好的可达4年以上。一般存放两年以上的种子，其发芽率和发芽势明显下降。贮存菜豆种子的适宜外界条件应为空气湿度30%，含水量约10%。

种子含水量不能过低，否则会形成“硬实”种子而影响发芽。对于一些多年连续使用的优良菜豆品种，当使用的时间超过3年之后，就要先进行株系比较，才能保优保纯。

菜豆开花后15天收获的种子不能发芽，但在荚内阴干后熟后，少量的种子有发芽能力。菜豆开花后超过20天种子就具有了发芽的能力，25~35天的时间就可以完成种子发育，35天之后种子就达到了充分成熟的程度。

二、菜豆对外界环境条件的要求

1. 温度

（1）总的要求　菜豆性喜温暖，怕严寒，畏酷暑。栽培适温为10~25℃，20℃左右生育最好。从播种至开花所需积温，矮生种为700~800℃，蔓生种为860~1150℃。一般来说，高温可以促进花芽的分化，增加开花的数目，开花期也早。但温度过高，30℃以上则落花、落荚增多，荚长变短，种子数和重量也会减少。耐低温能力在豆类中是较强的，临界低温为13℃以下，低温可以降低同化能力，导致结荚数和荚内粒数减少。

（2）不同生育期的要求　种子发芽最低温度为10~12℃，最适温度为为20~25℃，最高温度35%（日本提出最低温度15℃，最适温度20~30℃），在10℃以下的低温，或40℃以上的高温条件下，种子不能发芽。在一定范围内温度越低发芽天数越长，最低温度时的发芽天数比最适温度时所需天数多1倍以上。

幼苗可以生长的最低温度为13℃，最适生长温度为18～20℃。温度低于10℃的时候会出现生长发育不良现象。在短期的2～3℃时叶失绿转黄。温度升高到15～20℃后3～5天又会返绿。温度降至0℃以下，会受冻死亡。开花结荚期最低温度为15℃，最适温度为18～25℃，最高温度为30℃。温度在15℃以下，或者在30℃以上都会对开花产生影响，甚至出现不完全开花的现象。35℃以上落花率大增，可达90%。高温下即使成荚，也短小或畸形，种子数也少。

2. 光照　菜用菜豆大多数品种为中光性，南北各地相互引种，都能顺利开花、结荚。有的粒用品种为短日照品种，对光照的强度有很高的要求，长时间光照过弱容易导致植株徒长，甚至阻碍其生长发育。

3. 水分　菜豆较耐旱，但不耐涝。食荚种比粒用种需水分较多。性喜中度湿润的土壤条件，生长期适宜土壤湿度为田间最大持水量的60%～70%，空气相对湿度以80%为宜。发芽时对水分要求较高，播种后土壤不能太干，阻碍幼苗出土；土壤水分也不可以太多，否则会使豆粒缺氧、腐烂。苗期较能忍耐干旱，但土壤水分也不能低于田间最大持水量的45%。开花结荚期对水分要求最严，水分多、湿度大，对受精结荚不利。结荚成熟期以晴天为好。

4. 土壤养分　菜豆对各种土壤都具有一定的适应性，都可以生长，但是最好是在富含有机质、土层深厚、排水良好的土壤中栽培。因为这类土壤有利于它根系的发育和根瘤菌的活动。它忌连作，特别是与豌豆连作。

菜豆对钾、氮、磷等无机养分的需求较高，在苗期就开始了花芽分化，加速营养生长过程，而当时根瘤菌尚未充分成长，固氮能力差，急需补氮，以促进枝叶的生长和花芽数量的增加。尤其是矮生种，主、侧枝花芽分化是同时进行的，及早追肥效果更为显著。但蔓生种却不同，苗期施用过多的氮肥，反而会导致植株空长，推迟开花的时间。据测定，这个时期对钾肥和氮肥的吸收较多。到开花结荚期对氮、钾的吸收量迅速增加，达最高峰；同时茎叶中的氮、钾也随着生长中心的变化逐渐转移到果荚中去。磷的吸收量虽较氮、钾少，但缺磷会影响开花、结荚和种子的生长发育。

菜豆各时期营养物质吸收情况 （以百分比计算）

营养物质	施用量（千克/亩）	发芽至三片叶	开花初期	开花期	嫩芽收获期	种子成熟期
氮	4	8	22	20	25	25
钾	2.35	15	25	35	15	10
钙	4.65	20	30	40	10	0

第二节 菜豆品种

一、蔓 生 种

1. *超长四季豆* 超长四季豆是从法国引进的菜豆品种中选育而成的。它的生长旺盛，中熟，叶色深绿，第一雌花着生主蔓5～6节，嫩荚长圆条形，稍弯曲，长约20厘米、宽1.1～1.2厘米、厚1.3～1.4厘米，浅绿色，单荚重15～16克。种子深褐色，肾形。品质极佳。

2. *碧丰* 碧丰又名绿龙，也是从国外品种选育而成的新一代菜豆蔓生种。该品种早熟，生长旺盛，叶大。嫩荚宽扁条形，长约2

米、宽1.8~2厘米、厚0.8~1厘米，单荚重约120克。种子较大，色白，肾形。品质较好。

3. 百花肉豆角　百花肉豆角是成都的地方品种，种子肾形，呈黄褐色，第一雌花着生主蔓6~8节，豆荚扁条形，长约19厘米、宽约1.2厘米、厚约1厘米，浅绿色，单荚重约13克。抗逆性较强，品质好。

4. 丰收1号　丰收1号是从泰国引进的中熟菜豆品种，这种菜豆的生长旺盛，分枝能力强，嫩豆荚呈镰刀形，长约21厘米、宽约1.4厘米、厚约0.8厘米，绿色。种子肾形，乳白色。较耐热，不易老，品质好。

5. 双青1号　双青1号是由广州市郊区的蔬菜研究所培育而成的菜豆早熟品种，该品种的分枝能力旺盛，第一雌花着生主蔓6~7节，嫩荚长圆，长约18厘米、宽约1.3厘米、厚约1.1厘米，绿色，单荚重14~15克。种子肾形，黄褐色。纤维少，品质好。

6. 哈菜豆2号　哈菜豆2号是有哈尔滨市蔬菜研究所培育成的早熟菜豆品种。该品种的开展度小，一般没有分枝，嫩荚圆棍形，长约16厘米、宽约1厘米、厚约1.2厘米，皮绿色带紫纹。种子椭圆形，灰褐色。品质好。

二、矮生种

1. 推广者　推广者是典型的矮生菜豆品种，植株的生长旺盛，分枝数5~6个，植株5~6节封顶，株高约40厘米。苗期茎紫色，花浅紫色。嫩荚圆棍形，直而光滑，荚长 14 ~ 16 厘米，粗约 1 厘米，单荚重约 10 克。嫩荚青绿色，纤维质少，品质优良商品性好。一般每个豆荚中有种子 5 ~ 7 粒，种子呈黑色，千粒重约 340 克。早熟，从播种至始收嫩荚约 60 天。每亩产量 1200 千克左右。其嫩荚漂烫后仍能保持良好的色泽，耐储运，宜鲜食和速冻加工。品种适应性广，抗病，适宜北方等地区春、秋季栽培。

2. 优胜者　优胜者是从美国引进的早熟菜豆品种，是一种鲜食的采用品种，植株长势较旺，株高约 38 厘米，分枝性强，豆荚呈圆棍形，前端弯曲，豆荚长约 14.8 厘米，单荚均重约 8.6 克，豆荚肉质厚，耐老，纤维质较少，风味独特。亩产豆荚 1000 ~ 1250 千克，产量较高。该品种较耐白粉病和普通的烟草花叶病，品种适应性好，全国各地均可种植，春季露地栽培和秋季露地栽培的产量均优。

3. 供给者　植株矮生，生长势较强。苗期茎紫色，株高约 40 厘米，开展度约 50 厘米，分枝 3 ~ 5 个，主茎长至 5 ~ 6 节时顶端处着生花序而封顶。叶片心形、稍大，绿色较深；花浅紫色。嫩荚圆棍形，豆荚长度为 14 ~ 18 厘米，粗度约 1.1 厘米，单个豆荚均重 12 ~ 16 克，豆荚绿色，肉质厚，有筋但纤维少，品质佳。种子筒形，种皮紫红色，中等大小，千粒重 260 ~ 300 克。中熟，从播种至始收约 60 天。每亩产量 1000 ~ 1500 千克。耐寒性强，能耐短期的轻微霜冻，适应性广，抗病性好，可以鲜食也可以加工贮存，全国各地都可以种植。

4. 新西兰 3 号　新西兰 3 号是从新西兰引进的菜豆品种，植株生长旺盛，株高约 52.3 厘米，分枝数为 5 ~ 6 个，叶色深绿，花浅紫色，每序开花 5 ~ 7 个，结荚 4 ~ 6 个，结荚率较高。嫩豆荚长约 15 厘米，宽 1.2 厘米，重约 12.5 克，肉质较厚，纤维较少，品质优秀。种子呈浅褐色，一般具有较高的抗病虫害性，亩产 1000 ~ 1500

千克，适合在北京、河北、陕西、江苏等省市种植。

5. 沙克沙　沙克沙是矮生的植株，生长旺盛，株高约为45厘米，分枝数6～8个，主茎4节以上的花序封顶。嫩荚圆棍形，表面稍凸起，绿色，有筋，嫩荚长12～14厘米，粗1厘米，单荚重约6克。每荚有种子5～6粒，种子短筒形，种皮黄色。早熟种，东北地区播种到采收嫩荚约50天。耐寒、耐热性强，耐旱，抗炭疽病，亩产为1000～1500千克，适合在北方各地春、秋季节栽培。

三、粒用种

1. 大白腰子豆　大白腰子豆是云南的地方栽培品种，植株生长旺盛，株高为35～45厘米，主茎可以分为4～5个枝干，单株结豆荚数为18～25个，籽粒颜色洁白，有一定的光泽，百粒种约重55克，品质优异，适合推广种植。

2. 北京小黑芸豆　北京小黑芸豆生育期约95天，株型紧凑，株高约60厘米，主茎分枝4～6个，单株荚数25～40个。粒黑色，百粒重约21克。

3. 红腰子豆　红腰子豆植株生长旺盛，分枝4～6个，株高50～60厘米，单株结豆荚数25～30个，籽粒呈红色，百粒种子重量约为50克，全生育期100天。

第三节　菜豆栽培方式

菜豆以露地栽培为主，北方保护地栽培也多，把两种栽培方式结合，可大大延长供应市场的时间。

1. 露地栽培　一般露地栽培都要适期早播，可以春播，也可以秋播，但是以春季种植为主。春季播种的豆子一般在夏季收获。在终霜后，外界气温稳定在10%～12%时即可播种。华北可在4月中、下旬直播，西北、东北北部可在4月末至5月初播，高寒地区还可夏播。如用保护地育苗，则提前15～30日播种。长江流域一般在2月下旬到3月上旬时间播种，直播的也可以推迟到4月。粒用菜豆大多在春季播种，播种期基本同菜用菜豆。

上海等地春菜豆栽培季节

地　区	品　种	播种期（月/旬）	定植期（月/旬）	收获期（月/旬）
上海	矮生种	3/上至3/下	3/下至4/中	5/中至6/中
	蔓生种	3/上至3/中	4/中至4/中	6/中至7/中
成都	矮生种	3/上至3/中	3/中至3/下	5/上至6/上
	蔓生种	3/中至3/下	3/下至4/上	6/上至7/上
南京	矮生种	3/下至4/上	直播	5/下至6/上
	蔓生种	4/上至4/中	直播	6/中至7/中

秋菜豆是破季栽培，一般是夏播（或夏末秋初播）秋收，均直播。华北在7月播种；长江流域7月中下旬至8月上旬播种；华南则在8～9月播种，以9月上中旬为好。

2. 保护地栽培　保护地菜豆栽培多采用棚室栽培的方式，北方用的比南方更多。保护地栽培主要有三种方式，首先是春早熟栽培。有地膜、中小棚、大棚、大棚多层覆盖等几种方式。播种期有差异，收获期也不同。华北一般3月中旬播种育苗，4月中旬定植。长江流域2月中旬播种育苗，3月中旬定植。如果采用地膜覆盖的栽培方式，长江流域一般在3月中旬时定植，在5月中上旬的时候就可以收获了。中小棚及大棚栽培较此稍早，3月上旬定植，4月中下旬开始采收。华北大棚多层覆盖（大棚+小拱棚+草帘、大棚+小拱棚+地膜+草帘）可提前在2月播种育苗，5月收获；第二种是秋延后栽培，直播时间控制在8月中下旬到9月上旬之间，10月中下旬以后扣大棚；第三种栽培方式是北方日光温室冬茬栽培，一般在 9 月上旬至 10 月下旬播种育苗，可供应元旦至春节需求。

3. 栽培注意事项　菜豆忌连作，要和非豆科蔬菜实行轮作。它株型较小，生育期也较短，适宜间套种。露地蔓生品种可以瓜类套种，然后在架下种植各种可以短期收割的菜种。矮生种可以和其他茎秆较矮的菜间套。棚室栽种的可和黄瓜、番茄、菜椒间套。

第四节　菜豆水肥管理

一、菜豆水分管理

直播的豆类蔬菜在幼苗出齐之后到缓苗期结束之前，要浇一次水。蔓生菜豆品种在抽蔓期要浇一次水。等豆荚长至 3 ~ 4 厘米以后再开始浇水。进入开花结荚期后，根据植株长势、天气情况及土壤干旱程度，一般每隔 5 ~ 10 天浇 1 次水。一般在生长前期要尽量少浇水，生长后期要加大浇水量。另外，外界的气温高低不同时，浇水的频率也要不同，在气温低时浇水次数宜少，水量宜小；气温高时，浇水次数宜多，水量宜大。如土壤保水能力差，应勤浇水，并注意浇水后的中耕；对于易积水的地块，则应注意深耕排水。

二、菜豆施肥技术

土壤中虽有一定的营养物质，并且在种植前还施入了一定量的基肥，但这些仍不能满足豆类蔬菜的生长要求，在菜豆生长期内，要根据菜豆土壤肥力、豆类生长的营养需要等因素科学、合理地追肥，才能使肥料真正起到增产的效果。所谓科学追肥，就是要掌握好追肥时期、追肥种类和数量、追肥方法及技术。

（一）追肥原则

1. 有机肥与无机肥结合增施　有机肥具有提高土壤有机质含量的作用，但是一般肥效缓慢，单施用有机肥难以满足当前植株生长的要求。因此，有机肥必须与无机肥配合施用，才能缓急相济、取长补短。有机肥在施用时要充分发酵腐熟，使其中的一些有害成分通过发酵分解掉，以减少病虫害的传播和避免对植物根系造成伤害。

2. 基肥为主，追肥为辅　菜豆施肥要遵循基肥为主，追肥为辅的原则，基肥的施用量为总施肥量的50%～60%。在地下水位较高或土壤径流严重的地区，可适当减少基肥的施用量，以避免肥效损失；在保护地长季节栽培时，追肥的比例应大一些，以保证豆类蔬菜在整个生长期均能获得充足的养分。

3. 按需追肥，适时追肥　菜豆的栽培土壤不同、生长发育阶段不同，对肥料的需求也就不同。施肥的时候要综合考虑这些方面的因素，适时、适量追施适宜种类的肥料，不能随意提高追肥量。如土壤肥沃，追肥可少些；土壤贫瘠，追肥可多些；沙土地追肥要少量多次，黏土地追肥量要大。植株长势旺盛，追肥要少；植株长势弱，就要多追肥。苗期肥需求小，施肥量就要少。到了开花结荚期，生长需要的肥料比较多，施肥就要多。同时，还应注意掌握追肥的关键时期，在植物最需肥的时候，及时追施其需要的肥料，这样才能有效地提高产量。苗期应以速效肥为主，主要是促苗长壮，到了植株开花结荚的时期，就要无机肥和有机肥配合施用。

4. 肥水配合，以水调肥　水和肥是相依关系，只有追肥后及时浇水，做到水肥结合，才能起到较好的肥效。

（二）追肥的方法

菜豆生长前期，自身的氮肥吸收量比较少，所以要多施用一些氮肥来促进植株生长。但是如果植株长势旺盛，则必须控制施用氮肥，以防止植株营养生长过旺而引起落花落荚和延迟结荚。一般豆类蔬菜的第一次追肥在第一花序现蕾时，可每亩施用尿素 5～7 千克或腐熟的稀粪 500～700 千克。当菜豆开花之后，就要连续追肥，视植株的生长情况，一般每隔 10～20 天追肥 1 次。追肥以腐熟的粪稀和化肥交替进行为好，粪稀的用量为每 667 平方米追施 500～800 千克，化肥的用量因不同茬口和不同品种而不同，一般为每 667 平方米追施复合肥 5～20 千克。追肥时最好把肥料溶解在水里，在浇水的同时施肥。采用按穴或按沟施肥，再立即浇水的方法也是可以的。两次追肥之间，应浇 1 次清水，以促进植株光合作用产物的积累，满足豆荚快速生长发育的需要。除了根部施肥外，还可用 0.2% 磷酸二氢钾进行叶面喷施。

第五节 菜豆栽培技术

一、露地栽培技术

春播露地栽培是菜用菜豆的主要栽培方式。可以直播也可以先育苗栽培。早熟的菜豆品种一般播种时间也早。晚熟种，实行一般栽培的多直播。

1. 播前土地准备

（1）选地 栽培菜豆宜选富含有机质、土层深厚、排水通气良好、中性反应的土壤为好。如果连作或与其他豆类连作，就会影响其生长和发育，所以要保持2年以上的轮作周期。另外在土壤的选择上，早熟品种一般适合在沙质土壤中栽培，晚熟的品种适合在黏质土壤中栽培。

（2）整地作畦 菜豆因根系较发达，主根较长，侧根幅度范围大，故宜深翻土地，深度20～25厘米。北方雨水少可作平畦，南方雨水多宜作高畦或半高畦，一般高畦宽1米种2行，或宽2米种4行。菜畦的宽度和沟的深度要根据具体的情况来确定，如浙江采用1.5～1.7米的畦宽，矮生品种种植4行。成都畦宽3.3米（连沟），矮生品种种8行，蔓生品种种4行。

（3）施基肥 根据它对养分需要和吸收情况，因地制宜施足基肥。据试验，每亩产1500千克的，施氮30千克、钾25千克、磷10千克，三种肥料的施用比例为3：2.5：1。每亩可以施用过磷酸钙

15 千克、腐熟堆、厩肥 2000 ~ 2500 千克，氯化钾 10 千克。

优胜者（矮生）种一般每亩施有机肥 2500 ~ 3000 千克作基肥，以后追肥 2 ~ 3 次；宁波对供给者（矮生）每亩施腐熟厩肥 1000 ~ 1500 千克，或复合肥 15 千克作基肥，以后追肥 5 次；烟台地区的蔓生品种一般每亩地施用复合肥料 25 ~ 30 千克、土杂肥 5000 千克，之后要 4 次追肥。重庆对蔓生品种每亩施优质人粪尿 4000 千克、复合肥 10 千克、氯化钾 5 千克，作基肥一次施入。肥料数量多的在整地、作畦时施下，数量少的在挖穴时穴施，与土充分混匀。也可作畦和挖穴时各施一部分。

2. 直播

(1) 选种　种子选择要遵循饱满、粒大、无病虫害、无机械损伤、有光泽的原则，这对保证出苗后苗齐、苗壮具有决定性的影响。种子粒大，有充分养分供给发芽时的需要，所以大粒种子较小粒种子早发芽、生长发育好。

(2) 种子处理　直播的多不浸种，因春季气温低，土壤湿度高。在夏季温度高，土壤干旱的情况下，浸种反而容易导致种子霉烂。在播种之前可以用 0.04% ~ 0.05% 的钼酸铵，0.1% ~ 1% 的硫酸铜浸种，或用根瘤菌拌种，促进根瘤菌生长发育，提早成熟，增加前期产量。为了防止种子带菌（炭疽病、疫病），用种子重量的 0.3%（每千克种子用药 3 克）的甲醛（福尔马林）药液浸种 20 分钟，用清水冲洗干净，晾干后播种。

(3) 播种　播种之前可以在穴内适量施用种肥，但是量要少，并且要避免施用未经腐熟的有机肥料。每穴播种子 4 ~ 6 粒，一般每亩用种量蔓生种 2.5 ~ 3 千克，矮生种 3.5 ~ 5 千克。

一般蔓生种的播种密度为行穴距（50 ~ 60）厘米×（33 ~ 40）

厘米，每亩3000～3500穴，每穴留壮苗2～3株，每亩株数控制在6000～10000株。矮生品种的行穴距为（33～40）厘米×（30～33）厘米，每亩5000～6000穴，每穴留苗2株，每亩株数1万～1.2万株。

（4）播种后管理

①查苗补缺。菜豆直播常有缺苗现象，要注意查苗补苗。缺苗原因常是：种子质量差，发芽力弱；播种过深，子叶难以破土而出；土壤过分干燥或湿润；地下虫害损伤或天气过分寒冷等原因。发现秧田不正常苗出现，应及时换补。不正常苗主要指幼苗生长点损坏，第一对真叶受损残缺。第一对真叶很重要，它保证和促进初期根群的发育和顶芽的生长。正常情况下，自第一对真叶到长出第一片复叶经过4～5天。如果第一对真叶生长受损，那么要经过15～20天才可以长出第一片复叶，且生长势也较弱。故换补是很重要的。

②间苗、定苗。及时按规定行株距选留健壮苗。

3. 育苗　菜豆育苗栽培播种期提前，收获期也就相应提前。由于育苗栽培播种的是带有真叶的幼苗，所以生育期可以至少提前半个月以上。南方初春常有低温和低温阴雨气候，易造成春播菜豆烂种、死苗，育苗可避免这种问题的发生。事实证明，育苗（特别是营养钵育苗）效果都很好，可提早上市，增加效益。

（1）播前准备　育苗栽培的播种期比直播要早，而且大多在保护地栽培。鉴于菜豆根系的再生能力较弱，所以最好是在用营养土块、或者在营养钵中培育幼苗。营养土壤可用7～8份没有种过豆类的壤土（水稻土最好）和2～3份充分腐熟的堆、厩肥，充分混合。营养钵可用自制纸钵，8厘米×8厘米或10厘米×10厘米的塑料钵，放入占营养钵90%的营养土，然后把营养钵整齐地排列在苗床中，各个钵之间不留空隙。营养土块可自制，将营养土垫苗床 10～12 厘米厚，浇水待渗下后，拍实，切成 10～12 厘米见方的土块即成。

种子精选后，晾晒 1 天，进行浸种催芽。先在 50% 温水中浸泡大约 10 分钟的时间，然后再放在室温下浸泡 2～3 个小时，最后放在 20～25℃ 的温度环境下催芽。浸种时间不能过长，以免烂种。出芽后即可播种。

（2）播种　播时先浇水，使土湿润，每钵（土块）播种子 4～5 粒，盖厚约 2 厘米的干细土。注意保温。

（3）播后管理　播种之后要注意控制植株的生长速度，一般白天温度控制在 15～20℃，夜间控制在 15～17℃ 就可以了。以后再提高温度，白天 20～25℃，夜间 15～20℃。底水浇足的，定植前不再浇水。定植前 7 天左右炼苗。一般初见真叶至第一复叶抽生前定植。营养钵和营养土块育苗栽培的，蔓生种苗龄为 30 天左右，矮生品种为 20～25 天。

4. 田间管理

（1）追肥　在保证足够的基肥供应的前提下，一般开花结果之前要少施肥，后期要多施肥。氮肥施用要苗期少量，中期（抽蔓至初花）适量，后期（开花结荚盛期）补量，势旺时控量。菜豆苗期开始花芽分化时，及早追施氮肥，会使花芽数增加，分枝节位降低，矮生种尤明显。但过多或偏施也会造成植株组织柔软，容易受到各类疾病和病虫害的侵扰。一般直播育苗栽培的秧苗可以在出现复叶的时候，育苗的在定植成活后第一次追肥，催苗肥可施 2～3 次，每亩约用腐熟人畜粪尿共 1500 千克，过磷酸钙和硫酸钾各 5 千克。随着开花结荚从初期至盛期，应逐渐加重追肥，根据生育状况分施 2～3 次，每亩施用 2000～3000 千克的腐熟人畜粪尿肥，或者同时在根外追施 0.5% 的尿素液和 2% 的过磷酸钙。

上述追肥的原则和方法，各地结合具体情况，略有出入，现举几例供参考。浙江宁波矮生种，生长期亩施 0.5% 尿素液 1000 千克；开花坐荚后亩施 1% 尿素液 1250 千克，5 ~7 天再施；采收时期用磷酸二氢钾液和 0.1% 尿素根外追施 1 ~2 次，到生产期再重施 2 次，提高植株结荚率，提高亩产量。

山东烟台蔓生种追肥 4 次，开花前结荚后，每亩追尿素 15 ~20 千克，结荚后每隔 10 天再追肥两次。重庆一般追肥 3 ~4 次，第一次是时间在定植后的 3 ~4 天，每亩施用 20% 人畜粪 1000 千克，定植 10 天之后也要追肥，每亩施 30% 的人畜粪 1250 ~1500 千克，加过磷酸钙 2.5 千克、草木灰 50 千克；第三次在初花前，用量同第二次；开花结荚期施用第四次肥，每亩用草木灰 100 千克、过磷酸钙 5 千克、硫酸铵 7.5 千克，开花中期用 2% 过磷酸钙液根外追肥 1 ~2 次。

菜豆生育后期结荚率较低，可以通过加强肥水管理，使其经过高温后翻花结荚，提高产量。是否进行翻花，根据市场需要、植株长势、栽培条件和外界环境因素来确定。具体是在采收盛期之后立即摘除靠近地面的黄叶、老叶，保证田间具有良好的通风透光条件，并连续重施追肥 2 ~3 次，保持植株良好的营养生长，便可继续抽发花序，开花结荚。一般可延长采收期半月以上，增产 20% ~30%。

（2）其他管理　植株施肥和浇水一般要同时进行，平时气候干燥或者土壤水分缺失的时候，也要适时浇水。中耕除草原则上和追肥结合进行，每次追肥前，均进行中耕、除草，保持土壤疏松。中耕时适当培土于根际。蔓生种在植株开始牵蔓时立支架，引蔓上架，捆绑一次。整枝的时候，中部侧枝长到 3 ~5 厘米的时候摘心，基部侧枝长到 6 厘米的时候摘除。

二、日光温室秋冬茬栽培技术

日光温室，一般是指利用太阳能不加温进行蔬菜越冬栽培，生产新鲜蔬菜的栽培设施，也有少量日光温室在最冷的季节采取短时间加温。这种温室节能，但对保温性能要求高，目前我国以北方地区采用较多，大多是为了就近生产，供应居民生活需要。日光温室主要就是砖和土木的混合，即东、西、北三面用砖砌成砖墙（或土墙），迎光面用钢筋或竹木做骨架，用塑料棚膜覆盖，在塑料棚膜上再加盖保温被（草苫等）。其特点是冬季采光保温性能好，对风雪和寒冷的抵御能力都很强，大棚建造得十分严密，经济实用，生产方便，适用于我国北方地区秋、冬和春季蔬菜、水果生产。目前在我国北方已有大面积应用，是北方秋季、冬季和早春蔬菜生产的主要方式之一。

在北方日光温室与冷大棚、地膜小拱棚等保护地设施一起，保证了菜豆全年生产不间断，满足了市场对各种蔬菜的需求。冬茬菜豆日光温室栽培播种的时候是温度较高的 8～9 月，以后温度下降，到结束时大棚内温度已接近 0℃；光照也由强变弱，日照时间变短。根据这一特点，要注意选好品种，做好温室的防寒、防病虫害等项工作。

1. 品种选择　秋冬菜豆种植难度较大，所以对种子的要求也就更高。一般都要选用早熟、高产、抗病、分枝能力弱、品质好的品种。选用不带病菌的种子，芽率在 80% 以上，每亩用种量在 4 千克左右。

2. 播种前的准备　整地直播，每亩施农家肥 3000～5000 千克，氮磷钾复合肥 5～10 千克，深翻整平后起垄（垄要起得低一些）

待用。

3. 适时播种　菜豆在南北方都可以种植，由于气候差异较大，播种的具体时间也有差异。东北地区一般在 8 月中下旬，可采用直播。行株距（55～60）厘米×（25～30）厘米，每穴 3～4 粒种子；也可以采用大小行距种植，大行距 70 厘米（为步道垄），小行距 40 厘米，株距 25～30 厘米，每穴 2～3 粒。播种时视土壤的湿润程度选择不同的浇水方法，可以干种播种，可以浇掩水种，还可以顺沟浇水点种。

4. 苗期管理　苗出齐后，要及时铲地，加强田间管理。在高温高湿的共同影响下，小苗容易长得细高且弱，因此在小苗长出复叶以后，要及时培土起垄，以土不埋没子叶为好。当见到蔓头时要及时插架，架子的高度以低于大棚骨架 10～20 厘米为宜，当枝蔓不满架子的时候，要及时把枝蔓引到下边来，如株间密度大时，可采取打底杈、断蔓头的方法控制菜豆秧徒长，一定要防止菜豆秧在大棚的顶部连片生长，遮住阳光，影响下部叶片的光合作用。菜豆苗期生长对营养要求不太高，但是有充足营养供应的叶子可以为豆荚开花结果提供更多的养料，保证菜豆高产和稳产。注意观察，发现缺少营养时要及时补充，发现病害时要及时打药。到了开花期以后，对营养的要求大大增加，在这一时期要多施用肥料，多次灌水，保证豆荚开花和生长的需求，这个时期可以每亩地施用 15 千克氮磷钾复合肥，采收盛期每亩施尿素 10～15 千克、硫酸钾 10～15 千克，或氮磷钾复合肥每亩 20～25 千克。必要时 10～15 天后，每亩再追一次尿素 5 千克、硫酸钾 4 千克，或氮磷钾复合肥每亩 15 千克。当外界的环境温度低于 8℃的时候，就要盖上大棚的薄膜，在覆膜前要保证水分的充分供应，扣棚膜后，白天大放风，夜间关闭风口保温，让地表见干，减少大棚内空气湿度，控制病害发生。以后看土壤墒情和天气情况 15 天左右在架的中间沟浇一次小水。

大棚覆膜之后，就要加强棚室内的温度和湿度调节，保证白天的温度低于 30℃，夜间温度高于 15℃：注意放风，减少棚内空气湿度。温度继续下降，棚内夜温在 12～15℃时，要加盖草苫，尽量提高棚内温度，特别是夜间温度，促进菜豆开花、结荚和荚果的快速生长。大棚内管理不善也会诱发炭疽病、锈病等豆类疾病，出现白粉虱、潜叶蝇等害虫，发现之后要及时做好病虫害防治。锈病的防治主要在苗期和扣棚膜以后，当小苗长出子叶到两片复叶和扣棚膜后的初期，白天温度高，蒸发量大，夜间温度较低，夜间水气凝结成露水，这种气候条件十分容易导致炭疽病和锈病的发生，因此要及时发现和治疗。采收期前 7～10 天不要使用农药，以免造成污染。

第二章 豇豆生产技术

第一节 豇豆的生物学特性

一、豇豆概述

豇豆又名豆角、长豆角、角豆、带豆、裙带豆等，属于豆科豇豆属1年生蔬菜。豇豆原产于非洲，但是大多是硬荚粮用豇豆，软

荚菜用豇豆主要在东南亚和我国栽培。豇豆具有适应性好，栽培容易，产量高，品质好，风味佳，营养丰富等优点，在我国南北方均有栽培，但南方栽培更为普遍。在我国北方，豇豆不如菜豆受欢迎，但因为它耐热，对解决八、九月份蔬菜淡季供应具有重要作用，因此近年来的栽培面积不断扩大。豇豆的营养价值很高，在鲜豆荚中含有丰富的胡萝卜素、维生素 C、B 族维生素、蛋白质和糖类等，是一种营养价值较高的蔬菜。豇豆主要以嫩荚供食用，食用方法多样，可以炒食、煮食、凉拌，或加工成泡菜、腌渍菜、菜干等。豇豆籽粒还可与大米一起做成豆饭，或做成豆馅。

二、豇豆对环境的要求

1. *温度*　豇豆喜欢温暖的生长条件，对高温具有较强的抵御能力，不耐低温霜冻，最低的种子发芽温度为 8 ~ 12℃，最适温度为 25 ~ 28℃。据试验，在 35℃ 下发芽最快、发芽率高，25 ~ 30℃ 时次之，15℃ 时发芽缓慢。播种时土壤温度应在 10℃ 以上。植株生长发育适温为 20 ~ 30℃，在此范围内，其生长速度以及光合作用的强度，都随着温度的升高而不断上升。最适宜的开花结荚温度为 25 ~ 28℃，最多可以适应 35℃ 的高温，但荚粗短易老，品质下降。15℃ 以下则生长缓慢，10℃ 以下明显影响根的吸收能力，5℃ 以下植株表现受害，0℃ 左右茎蔓冻死。月平均气温为 20 ~ 30℃，可获得高产。其最大干物质产量在日温 27℃，夜间温度 22℃ 的时候形成。

2. *光照*　豇豆一般属于短日照作物，经过不断地繁育已经出现了两种生长类型。其中一类豇豆对日照时间长短要求较严格，在短日照下花序着生节位降低，提早开花，增加产量。南方这类品种引入北方栽培，开花延后，结荚较晚；北方这类品种引入南方栽培，则开花提早。另一类没有那么严格的日照要求，属于中光性植株。

豇豆喜光性主要表现在开花结荚期，要有充分的光照，尤其是蔓生品种。但也较耐阴，有一些矮生品种与半蔓生品种常用来和玉米高粱等高秆作物进行间套种。

3. 水分　豇豆具有一定的抗旱能力，生长前期水分不要浇得太多，防止幼苗徒长和沤死秧苗。豇豆在开花结荚期对水分的需求较多，要保证适当的空气湿度和土壤湿度。水分过多、湿度大或干旱都不好，易引起落花落荚。

4. 土壤养分　豇豆对土壤的适应范围较广，但以壤土为好。土壤以中性或微酸性反应为宜，不宜连作，可以实行2~3年轮作。豇豆生长前期对氮肥的需求较少，开花结荚期氮肥需求较多，但是也不要盲目多施。豇豆对磷、钾要求较多，一定要保证供给。

第二节　豇豆品种

一、豇豆的类型

豇豆有长荚豇豆、普通荚豇豆、短荚豇豆3个亚种（类型）。其中长荚豇豆即菜用豇豆，它又分为蔓生、半蔓生、矮生3个类型。蔓生豇豆品种的茎蔓一般都很长，花序腋生，并分生出许多侧蔓，需设支架，生长期较长，丰产性及品质均较好。矮生种茎矮小，直立，分枝多而成丛生状，不设支架，成熟较早，生长期较短。半蔓生种生长习性似蔓生种，但蔓较短。栽培上以蔓生种较多，范围也广，又可以分为青豆角、白豆角、红豆角三种。白豆荚一般品种类型很多，栽培地区广。它茎蔓较粗壮，叶较大而薄，嫩荚肥大，青白色。耐热，对低温较敏感，一般多在夏、秋栽培。青荚种茎蔓较细，叶片较小较细，嫩荚细长，浓绿色，能忍耐较低温度，不耐高温，大多在春季和秋季栽培。红豆角的茎蔓都十分粗壮，嫩豆荚呈紫红色，耐高温，适合在夏季栽培。

二、豇豆的品种

（一）蔓生种

1. 豇特早30　浙江省园艺研究所育成。早熟，长势偏弱，叶小，分枝少，以主蔓结荚为主。初花节位低，嫩荚长约60厘米。种子红色。

2. 白豇2号　白豇2号是由南京市蔬菜研究所培育而成的早中熟品种，植株生长旺盛，主蔓和侧蔓都可以结豆荚。第一花序节位3~7节，嫩荚长圆条形，长约70厘米、粗0.8~0.9厘米，绿白色，每10荚重约250克。种子黑色。耐热、耐湿。

3. 红嘴燕　红嘴燕是成都地方栽培的中熟品种，嫩豆荚呈圆条形，长度55~60厘米，粗度为0.8~0.9厘米，浅绿色，先端红，10荚重约200克。种皮黑色。适应性强，耐热，种子红色。

4. 湘江1号　长沙市蔬菜研究所育成。早熟，主、侧蔓结荚。第2~4节着生第一花序，嫩荚长约58厘米、粗度约为1厘米，浅绿色，每10粒豆荚重量约为140克，种子呈红褐色。

5. 夏宝　深圳蔬菜所育成。早熟，植株紧凑。主蔓第4节着生第一花序，嫩荚长55~60厘米、粗1~1.2厘米，绿白色。

（二）矮生种

1. 美国无蔓豇　美国无蔓豇简称无豇豆，大概在20世纪80年代从美国引入，这种豇豆的茎矮、粗壮，节间紧密，长 30 厘米以下，基部着生 3 ~5 个侧枝。各侧枝长出 3 ~4 条长约 40 厘米的花梗，顶端陆续着生花蕾。嫩荚长 35 ~40 厘米，每 10 荚重 200 ~300 克。适应性广，抗旱、耐热、耐病。

2. 皖青 512　皖青 512 又称为五月鲜，是从安徽地方品种中选育出来的。植株性状紧凑，生长旺盛，高度约 50 厘米。嫩荚青绿色，长约 45 厘米，适应性广。

3. 河南五月鲜　生长势较弱，株高约 45 厘米，开展度 32 厘米，有较少的分枝，一般为 1 ~2 个，长度为 20 ~26 厘米。

第三节　豇豆栽培季节

一、栽培季节

（一）露地栽培的季节

豇豆具有很长的生长期，一般从春季到秋季都可以播种，大多数地区都是春季播种夏季收获，或者是夏播秋收。北方寒冷地区（如长城以北）则行夏播夏秋收，华南也可秋播。

1. 夏豇豆栽培　各地称呼不一，也有称春豇豆或春夏豇豆的。它是豇豆的主要栽培季节（可称正季栽培）。华北和长江流域地区早播一般在保护地播种育苗，晚播的在终霜后采用直播的方式，夏季陆续收获。华南春、夏播种，供应期半年以上。

2. 秋豇豆栽培　秋豇豆栽培属破季栽培，可延长供应时间，除大中城市外栽培者较少。华北和长江流域多在夏季6月播种，8~9月份收获。下面是几个地区露地栽培的具体安排，仅供参考。

豇豆露地栽培季节

地　区	夏(春夏)豇豆			秋豇豆	
	播种期(月/旬)	定植期(月/旬)	收获期(月)	播种期(月)	收获期(月)
长城以北	5/上至5/下	直播	7~8		
华　北	3/下至4/上	4/下	7~8		
	4/下至5/上	直播	7~8	6	8~9
长江流域	2/下至3/上	4/上~4/中	5~7		
	3/中至4/下	直播	6~7	6	8~9
华　南	2/下至3/下	直播	5~6	5~6、8~9	7~11

几个地区豇豆露地栽培季节

地区	夏(春夏)豇豆			秋豇豆	
	播种期(月/旬)	定植期(月/旬)	收获期(月/旬)	播种期(月/旬)	收获期(月/旬)
北京	4/下至5/上	直播	7/上至8/中	6/中至6/下	8/上至9/上
上海	3/中至4/上	3/下至4/中	6/上至7/下	6/下至7/下	8/下至10/上
成都	3/上至4/上	3/下至4/中	6/上至7/下	6/上至6/中	8/下至9/下

(二) 保护地栽培的季节

保护地豇豆栽培大多采用春早熟的栽培方式，春季配合地膜覆盖，就可以实现豇豆提早收获。近年江淮地区，利用各种保护设施，都有明显效果，播种、收获比当地露地种植提前20~40天。保护地栽培，一般利用大棚，在2月播种，3月定植，4月中、下旬可开始收获。如利用温室或小拱棚，播种期也要随栽培方式不同而提早或延后。

二、栽培制度

豇豆栽培过程中切忌连作，但是可以和豆类蔬菜实行三年以上轮作，北方豇豆种植都用秋冬菜收获后的空闲菜豆，南方为春菠菜、春莴笋、春甘蓝，或其他越冬的春菜地。后作多为以叶菜为主的秋冬菜地。豇豆在栽培中多实行间套，南方除架下间套外，有的架上还套瓜菜，北方保护地种植的时候大多和黄瓜、番茄、菜椒套作，特别是与黄瓜套种的时候，一定要在黄瓜拉秧后即上架栽培。

部分地区还有地膜覆盖和大棚豇豆、甘蓝套作的习惯。我们主要将几个地区的套作经验介绍如下，仅供参考。

1. 成都

①春菠菜（11 月上旬播、次年 3 月下旬收）—夏豇豆（4 月上旬栽，6 月下旬至 7 月下旬收）+大冬瓜（4 月下旬栽，8 月上中旬收）+芹菜（7 月下旬播，11 月收）。

（注：—表示衔接；+表示套种。以下同）

②春莴笋（11 月上旬栽，次年 4 月上旬收）—夏豇豆（4 月中旬栽，6 月下旬至 7 月下旬收）+球茎甘蓝（4 月上旬栽，6 月上旬收）—早白菜（7 月下旬播，9 月下旬收）。

③春莴笋（11 月上旬栽，次年 4 月上旬收）—丝瓜（4 月上旬栽，8 月上旬收）。

④夏豇豆（4 月上旬栽，7 月上旬至下旬收）+毛豆（4 月上旬播，6 月下旬收）—秋甘蓝（8 月上旬栽，10 月下旬收）。

2. 重庆　春莴笋（11 月下旬栽，次年 4 月上旬收）—夏豇豆（4 月上旬栽，5 月下旬至 6 月收）—秋番茄（7 月上旬栽，9～10 月收）。

第四节　豇豆栽培技术

一、地膜覆盖栽培

由于豇豆对温度和光照的要求很高，进行地膜覆盖栽培就具有很好的效果。北方地区的种植实践表明，大棚栽培可以比露地栽培提早采收10天，前期产量增加50%以上，总产提高20%以上。它的基本栽培技术和露地栽培相似，不同的是由于盖膜而引起的一些技术变革。

1. 播种和定植

（1）适时播种　豇豆种植可以采用直播的栽培方式，也可以采用先育苗再栽培的耕作方式。一般都在晚霜期过后抓紧时间及早破膜穴播，每穴播种子4~5粒，播种深度3~4厘米。播后用土将播穴封严，不能漏风。一般每亩5000~6000穴。

（2）容器育苗　容器育苗具有成熟时间早，栽培效益好等优点，适合推广种植。容器育苗一般可以比直播时间提早20天以上。由于豇豆根系再生能力弱，故宜用营养土块、营养钵在保护地播种育苗。苗龄不超过30天，以第1复叶初现时定植为好。一般在晚霜期之后天晴的时候破膜成穴，浇透底水时候移栽幼苗，幼苗要用土闭封严实，并保证幼苗的高度要比畦面高。

2. 田间管理

（1）植株调整　及时搭架、引蔓，并进行整枝，以促进早熟、早收，调节营养生长和生殖生长平衡发展。对第1花序以下的侧蔓尽早除去。由于盖膜后植株生长较旺，上部侧蔓摘心不要过重，以便增加结荚的数量。在主蔓长到支架顶端的时候开始摘心，促进侧蔓的生长和发育。

（2）肥水补给　开花坐荚前适当控水，也不追肥，轻度蹲苗。坐荚后才适当灌水，保持土壤湿润。采收中后期根据植株生长情况进行追肥灌水。

二、豇豆大棚春早熟栽培

大棚栽培具有成熟时间早，经济效益高等优点，近些年发展迅速，尤其是江淮地区规模较大。

1. 播种育苗

（1）品种　大棚春早熟栽培，各地经验可选用以下品种：矮生种的美国无蔓豇豆、皖青 512；蔓生种的之豇特早 30、之豇 28-2、高产 4 号、扬豇 40、宁豇 3 号等。

（2）播种期　由于各地的气候和栽培习惯差异，具体的播种时间并不一致，但是大部分都选在露地栽培播种前 20～40 天的时候。

（3）播种　和菜豆一样，先做好苗床，宜用营养钵或营养土块育苗。选种、晒种后，采用干种子直播于营养钵（块），或先播于苗床后移栽钵（块）中，以前者为好。每穴播种子 3～4 粒，以后保留 2～3 株。也可用湿播法，播后覆土。

（4）播后管理　出苗之前大棚要封闭，不与外界通风，保持温度在 25～30℃之间，最高不高于 35℃，保证较高的空气湿润度。在约一半幼苗拱土或齐苗后，分别覆土，以弥合因幼苗出土时造成的土缝，有利于保持土壤水分。从出苗至第 1 对真叶充分开展时，苗床平均气温降到白天在 20～25℃之间，夜晚在 15～20℃之间，这个时候既要注意定期通风，又要防止夜间低温冻害的发生。第 1 复叶显露至定植时，注意通风和管理，一般不浇水。定植前4～5天蹲苗，定植前1～2天浇起苗水。

2. 定植

（1）栽前准备 定植前提早20～25天扣棚，并整地、作畦、覆地膜，要求地膜覆盖栽培。基肥量也可酌情增加，每亩施用尿素10千克、过磷酸钙25～30千克、硫酸钾10～15千克、腐熟的有机肥5000千克。

（2）定植 一般育苗在幼苗第1复叶刚开始显露时定植，要带土团，多带泥土；营养钵（块）育苗的可推迟至2～3片复叶时定植。定植时要选茎秆粗矮、叶色深绿、子叶肥厚的壮苗栽植，栽后浇定根水，上面覆盖适量的土壤，等到1周之后酌情喷施缓苗水。

（3）栽培密度 要密植，但不可过密。过密易导致中、下部叶片早期黄化、脱落，落花落荚增多，开花节位上升。蔓生种北方行穴距可（65～70）厘米×20厘米，每亩4500～5000穴，每穴2株；南方种植可以采用宽、窄行交错的形式，宽行为65～85厘米，窄行为25～35厘米，每亩种植3000穴左右，每穴2～3株。矮生种均可用行穴距30～40厘米，每亩5000～6000穴，每穴2株。

3. 田间管理

（1）温度管理 成活前一般不揭膜，少通风，以提高棚温，有利于缓苗成活。成活至开花前，晴天中午揭膜通风，保持日温在25～30℃之间，夜温在10～15℃之间。植株开花结果之后，要随着气温的升高而加大通风量，注意夜温保持在20℃左右，不低于15℃。4月下旬后可大通风，进入5月即可撤棚。

（2）肥水管理 原则是前期防止茎蔓徒长，后期避免早衰。在施足基肥的基础上，适当追肥。具体做法是：前期尽量不追肥，生长势弱的可以在苗期和抽蔓期各追施1次10%～15%的稀薄粪尿水。开花之后重追施2次肥料，每次每亩施尿素7.5千克，或复合肥5～7.5千克，也可植株大部分出现花序时重施追肥1次，以后每采收2～3次施追肥1次。前期浇水宜少、后期要多。前期一般不提倡浇水，第一次浇水时间选在第1花序结豆荚之后，在植株中部以下出现花序的时候第二次浇水。以后土面稍干即浇水，正常情况下每5～7天浇水1次，以保持地面湿润。

（3）搭架整枝　在茎蔓抽出后搭架，并引蔓，蔓上架后捆绑1～2次。整枝做法和露地春豇豆相似，主要进行打杈和摘心，打杈主要是摘除第一花序下面的所有侧枝，一般在其长度达到6～9厘米的时候打杈。主蔓达架顶时摘心，子蔓3～5节后也摘心。但肥水充足，生长旺盛的枝可任其生长，或较晚进行。

（4）促进翻花　豇豆虽性喜温暖，但温度超过35℃时，就会生长滞缓、大量落叶，开花结荚很少。大棚栽培，5月中下旬种植，大棚温度不断升高，植株出现衰退现象，证明第1次高产季节已经过去。这个时候要加强管理，温度适宜，则中、下部叶腋大量发生侧蔓，这些侧蔓可抽生花序，同时原来花序上未结荚的花芽也能发育成花蕾，形成第2个产量高峰，是为“翻花”。促进翻花的措施：尽早撤掉棚膜，高产期后及时追肥，保证足够的水肥供应，摘掉中、下部老叶。翻花可以使采收期延长20天，每亩增产至少500千克。

三、日光温室秋冬茬栽培技术

华北地区南部、中部地区豇豆在日光温室里能够安全过冬，可以进行秋冬春茬日光温室栽培。但在东北、华北北部和海拔高地区越冬困难，因此华北地区北部、东北地区和海拔较高的地区一般都采用日光温室秋冬茬栽培和冬春茬栽培两种方式。

1. 品种选择　之豇28-2、901豇豆等具有生长势强、抗病、高产、纤维少等特点，是温室秋冬茬栽培的理想品种。

2. 整地做垄　深翻土地25~30厘米，把地耙平整细后做垄，大行距标准为间距70厘米，小行距标准为间距50厘米。每亩施优质农家肥5000千克，氮磷钾复合肥15~20千克。

3. 适期播种　适期播种可获得高产、高效益。播种过早，豇豆售价低；播种过晚，豇豆采收期短，产量低，都难以取得良好的经济效益。播种时间的选择受当地气候条件和品种、大棚保暖性等因素的制约。一般在霜前50~70天，大约在7月下旬到8月上旬播种较为适宜，一般在10月上中旬嫩荚可采收上市，此时露地秋豇豆已经拉秧，采收一直到（12月份）大棚温度下降到3℃的时候停止。播种前要浇足够的水，干种子播种，每穴播种4~5粒种子，上面盖土3~5厘米，秋冬茬豇豆播种时期，温度高，蒸发量大，播种时底水要足，浇水后播种，要将种子埋在泥里。不浇水播种，种子要放在湿土中间，将土踩实后再盖一层细土保墒。

4. 苗期管理

（1）水肥管理　在秧苗出齐后开始间苗，每埯留3株健壮的秧苗。秋冬茬种植的豇豆苗期的温度很高，此后温度逐渐降低。出苗后及时铲趟松土，促进根系生长。土壤干旱时可浇 1 次小水，土壤基础肥力低时，可结合浇水追肥，每亩施用 5 千克氮磷钾复合肥。浇水后要及时为秧苗松土，促进幼苗根系生长。长出蔓头的时候要及时插架，土壤见干时可浇一次水。进入开花结荚期以后要浇水，结合浇水追肥每亩氮磷钾复合肥 15 ~ 20 千克。浇 1 次清水、浇 1 次肥水间隔进行，每次每亩施尿素 10 千克，硫酸铵 10 千克。

（2）温度管理　扣膜时间大概在 9 月下旬，这个时候夜间温度已经下降到了 15℃以下。扣膜之后白天要大放风，夜间外界温度高于 14℃时，要留风口，使豇豆有一段适应过程。以后棚内温度白天保持 25 ~ 30℃，高于 30℃时要放风降温、降湿；夜温保持在 15 ~ 18℃，棚内温度低于 15℃时加盖草苫保温。

（3）采收　豆荚播种后 60 ~ 70 天就可以开始收获嫩豆荚，结豆荚前期一般每 3 ~ 5 天采收 1 次，到结果盛期 2 ~ 3 天采收 1 次，以后棚内温度降低，采收时间可适当延长，采收期的长短与大棚的保温性能和外界气温有关，采收期一般在 50 ~ 70 天。

第三章 豌豆生产技术

第一节 豌豆的生物学特点

一、豌豆的形态特征

1. 根　豌豆的根系是典型的直根系，主根很长，入土1～1.5米，上面着生着大量的侧根，侧根在地表下20厘米以内的耕作层中。初生主根和侧根主要部分，在第1片真叶张开前已发育较好。主、侧根上都有根瘤，主根尤多。根瘤数的高峰在营养生长中期，接近开花时，根瘤重量和活力都达到鼎盛时期，结荚开始后，根瘤开始逐渐死亡。

2. 茎　豌豆的茎圆形，中空，多汁，细软，质脆易折。依茎的生长状态，分为矮生种、蔓生种、半蔓生种等。矮生种高20～40厘米，分枝性弱，节间短，株型直立，一般会从茎的基部分生出2～3侧枝。蔓生种节间长，蔓长1～2米。分枝性强，从茎基部和中部分生侧枝，侧枝又能再生侧枝（孙蔓）。

3. 叶　为偶数羽状复叶，顶端有卷须，叶柄基部有托叶。

4. 花　花呈白色或紫色，紫花不授粉，抽生花序的数量因品种不同而异，一般早熟品种5～8个，中熟品种9～12个，晚熟品种13～16个，其中矮生种为3～5个。每花序一般有花1～2朵，有的多至5～6朵。自下而上，抽出花序和开花结荚，一般以主蔓和生长势好的侧蔓结荚多。

5. 荚和种子　豌豆的豆荚分为两类，一类是硬豆荚，一类是软豆荚。硬豆荚的荚壁上有一层类似羊皮纸的透明革质膜，故荚不能食，只食豆粒。食青豆粒（嫩粒）的即菜用豌豆；食老熟豆粒（干豆）的为粮用豌豆。软荚种无革质膜，嫩荚也可食，成熟后干缩而不开裂，属于菜用豌豆。种子圆形，外皮有光滑和皱缩两种，皱粒硬豆荚是制作罐头、速冻和鲜食的优良品种，豆荚颜色多样，大小也因品种不同而不同。

二、豌豆对环境条件的要求

1. 温度　豌豆为半耐寒性作物，耐寒不耐热。生长适温为16±7℃，不同生育期对温度的要求不同。发芽开始温度为2～5℃，圆粒种低些，皱粒种高些。发芽适温为18～20℃，温度低时，发芽速度很慢，在室温为5℃左右时，发芽期长达1个多月。而在温度过高的条件下，豌豆的发芽率又很低。如在30℃时，发芽率在80%以下，在适温下，出苗快，只需 4 ~ 6 天，且出苗率高，在 90% 以上。

豌豆幼苗期适应温度的能力强，耐寒，能耐零下 6℃ 的低温。营养生长适温在 12 ~ 16℃ 之间。苗期适度低温，可以促进花芽分化，温度高，可以使花芽的分化节位提高。开花适温为 15 ~ 18℃，荚果成熟适温为 18 ~ 20℃。温度过低过高对花、荚都不利。花、荚都不耐低温，轻微冰冻即受害。温度过低，开花数减少；温度过高（25℃ 以上），生长发育不良，受精率低，影响产量。

2. 光照　豌豆品种大多数为长日照品种，日照时间较长且温度不足时，花芽的分化节位较低，分枝数增多；长日照高温下，分枝节位高。延长日照能提早开花，缩短日照则延迟开花。故多数品种的生育期在北方比南方短，南方品种北移多提早开花结荚。豌豆是喜光蔬菜，特别是在结荚时期的光照要求更高，所以要尽可能避免田间杂草的遮蔽，提高开花结荚率。

3. 水分　豌豆苗期稍能耐旱，生育期中要有较湿润的空气湿度和土壤湿度，但不耐过湿。土壤渍水，易烂种、烂根。空气湿度过大，易染病（如白粉病）。开花结荚期需水量大，如遇干旱，要及时浇水，否则豌豆荚提早成熟，对其产量和品质都会产生影响。

4. 土壤营养　豌豆对土壤要求不严，适应性强，耐碱不耐酸，忌连作。

豌豆籽粒含蛋白质多，生长期中需较多的氮素。虽有根瘤菌固氮，最多也只能基本提供生长中后期的一般需求。为了维持植株的正常生长发育，磷肥是必须施用的。钾元素具有增强植株固氮能力和抗逆性的作用，所以也是不能缺少的。据试验，氮、磷、钾三要素的吸收比约为 3.4∶1∶3.2。其中氮素从出苗至开花的吸收量约占其吸收总量的 40%，始花至终花约占 59%，终花至完熟约占 1%；磷各期的吸收量分别为总量的 30%、36%、34%；钾各期的吸收量分别为总量的60%、23%、17%。由此可见，施用微量元素对植株的生长具有十分重要的作用。

第二节 豌豆品种

一、豌豆的类型

豌豆品种多样，分类方法也很多，可以按照植株的生长形态分为矮生种、蔓生种和半蔓生种。依荚的硬软分，有硬荚种、软荚种；依熟性分，有早熟种、中熟种、晚熟种；依种子形状分，有圆粒种、凹圆粒种、扁圆粒种和皱粒种；还有依种子大小、种皮颜色分类的。现根据用途和豆荚的具体生长情况作如下分类：

1. 菜用豌豆　菜用豌豆又名荷仁豆、荷兰豆，它可以分为硬荚和软荚两类。硬荚豆一般是食用新鲜的嫩籽，软荚类采收嫩豆荚。又有大荚、窄荚两种，大荚种又称食荚甜豌豆，荚内显子不显粒，籽粒细而扁平（俗称不饱米），食用部分荚的比例大；窄荚种即一般食荚豌豆，荚较瘦长，荚内种子呈圆球状，豆荚和籽粒都可以食用。窄荚种的植株长势较弱，不耐严寒，花色大多为白色。

2. 粮用豌豆　粮用豌豆为硬粒，以老熟干豆粒供食，或加工磨粉、制粉丝和糕点。长势较强，耐寒，花紫色，籽粒色多样。此外，20世纪50年代以来，还发现了无卷须和簇叶小叶类型。

二、豌豆的主要品种

（一）食嫩粒品种

1. 中豌4号　中豌4号是由我国农业科学院选育的嫩豆荚类型，植株矮生，分枝少，株高约55厘米，有限生长。嫩豆粒浅绿色，百粒鲜重约41克；干豆粒黄白色，圆形，百粒重约17克。粮菜兼用，品质中上。

2. 中豌6号　中豌6号是我国农业科学院选育的早熟豌豆品种，植株矮生，株高40~50厘米，分枝较少，嫩豆粒浅绿色，百粒鲜重约52克；干豆粒浅绿色，百粒重约25克，粮菜兼用，品质较好。

3. 甜豌豆75-1　甜豌豆75-1是一种从美国引进的豌豆早熟种，植株呈半直立状，高度60~70厘米，豆粒嫩时呈绿色，百粒鲜重约50克。抗逆性强，但不耐涝，品质好。

4. 团结豌2号　团结豌2号是由四川省农科院作物所选育的较早熟品种，株型紧凑，蔓长约1米，籽粒圆形，粮菜兼用。适应性强，耐旱、耐瘠。豆粒圆形，白色，百粒重约30克。

（二）食嫩荚品种

1. 甜脆豌豆　甜脆豌豆是由我国蔬菜研究所从国外品种选育而成的早熟品种，植株矮生，株高约42厘米，分枝数少，为1~2个。嫩荚淡绿色，圆棍形，长7~8厘米、宽厚各约1.2厘米，百荚重600~700克。种子短柱形，百粒重约20克。

2. 食荚甜脆豌一号　食荚甜脆豌一号是由四川省农科院作物所选育的早熟豌豆品种，株高70~75厘米，豆荚可以食用，颜色翠绿，长约8厘米，百荚重约750克，鲜豆粒圆形，百粒重约53克，干豆粒扁圆、绿色，百粒重约30克。

3. 甜脆软荚豌　甜脆软荚豌从美国引入，植株蔓生，分枝较多，约为5个，豆荚质地肥厚，适合食用，外形绿色，百荚重约410克。种子绿色，皱粒，百粒重约18克。

第三节　豌豆栽培季节

一、栽培季节

豌豆喜温和气候，幼苗耐寒力较强并可适应较高温度，但结荚期又不耐炎热干旱，所以露地栽培的时候要合理安排时间，把豌豆的开花结荚期安排在温度适宜的季节，保证高产稳产。华北地区的中北部冬季寒冷，多在早春播种，夏季收获。东北和西北地区只能在春夏4～5月份播种，夏秋收获。

二、栽培制度

豌豆忌连作，否则减产严重。减产的主要原因在于：豌豆植株的根系可以分泌出一种带毒物质，对连作后茬豌豆造成毒害；二是由于根系分泌的有机酸在连作中不断积累，降低根系的生理功能和影响根瘤菌活动；三是连作加重病虫为害；四是由于豌豆根系深，吸收的磷肥和钾肥的量大，多年连作对土壤中营养物质消耗太多，导致土壤贫瘠，难以满足后代豌豆生长的需要。因此，豌豆一般要与其他作物轮作4～5年。白花品种比紫花品种更忌连作，其轮作年限需要更长。

豌豆有根瘤菌，能固氮肥田，所以它是许多作物的良好前茬，其后作一般是水稻、麦类、玉米、甘薯、棉花等对氮肥需求较大的作物。河南和陕西等冬播地区多栽培高粱、玉米、谷子棉花等作物的早熟品种为前作。西北、华北、西藏等春播区前作也多是谷类。轮作不仅可以减轻豌豆的病虫危害程度，有利于提高产量和品质，而且由于豌豆固氮对后作生长有利，对提高豌豆产量也具有积极的影响。

1. 混作　我国部分春播地区有麦类和豌豆混播的习惯，冬播区一般较少采用混作，栽培要选用茎秆粗壮不易倒伏的小麦品种，豌豆由于得到小麦的支撑，分枝数、单株荚数及单荚重等都比单作有增加。而豌豆根瘤固定的氮素则能部分供给麦类生长。豆麦混播的面积比以3∶7为佳，也可以豆麦同穴播种，每穴一般播种豌豆种子3～6粒。

2. 间作　豌豆很适宜与玉米、高粱或棉花等作物进行间作，以利用这些作物的秸秆爬蔓生长。例如，在与棉花间作的时候，可以按照1.3米的宽度画线，分别做成宽度为40厘米和90厘米的菜畦。大畦内播2行棉花，小畦内种2行豌豆。豌豆与茄果类和瓜类等高秧蔬菜间作，可改善蔬菜行间的光照条件，有利于开花结果。也可在甘蓝类、洋葱或大蒜等蔬菜的畦埂上点种豌豆。

3. 复种　我国冬季作物种类较少，在玉米、水稻、棉花等作物收获后，空留出了很多的闲置土地，而我国冬作物只有小麦、油菜、豌豆、蚕豆等少数几种，豌豆就是一种良好的“填闲”作物。

第四节 豌豆栽培技术

一、露地栽培技术

1. 整地施基肥 豌豆根系分布较深，主根发育早而快，故应深耕，要求做到精细，施足基肥，及早供应养分，通常翻耕 20～25 厘米，每亩施用氯化钾 10 千克、过磷酸钙 30 千克、腐熟的农家肥 1000～1500 千克。或每亩施复合肥 30～40 千克。沟施或穴施均可，肥料少的可作种肥（播种时施下）。畦的宽度、高度根据雨情、地势、地下水位而定。

各地施肥情况不一，土壤、品种、地势（平原或丘陵）、栽培目的、栽培条件、季节等因素不同，作物对肥料的需求就不同，如浙江种中豌 4 号，一般每亩施栏粪 2000 千克作基肥，或复合肥 30 千克作种肥；中豌 6 号一般每亩施磷肥 25 千克，加人畜肥 1000 千克，或复合肥 40 千克，山区则每亩施复合肥 50～70 千克。

2. 播种

（1）选种 播种前要对种子进行选择，选用籽粒大、整齐度好、无病虫害、无损伤的种子播种。

（2）种子处理

①低温处理。豌豆播种前进行种子低温春化处理，可促进花芽分化，降低花序着生节位，提早开花。方法是：播前先浸种，浸 2 小时后翻动 1 次，待种子发胀取出，每隔 2 小时浇水 1 次，约 20 小时后种子萌动，有胚芽露出，这时把它放置在 0～2℃的低温环境下

静置10天，然后播种。

②根瘤菌拌种。豌豆经根瘤菌拌种后，根瘤多，呈粉红色，茎叶生长好，结荚多。方法同毛豆，但根瘤取自豌豆植株。

(3) 播种密度　菜用豌豆可以适当密植，通过单位面积内株数的增加来提高总产量。机械播种一般采用多行条播的方法，一般行距20~35厘米，在播幅内按株距10~15厘米播种，每亩1万~3万株。植株大的行株距大一些，每亩1万~1.5万株；植株小的行株距小些，每亩为2万~3万株。手工播种的保持行穴距（35~50）厘米×（25~30）厘米。穴播的，每亩播种4000~8000穴。以后每穴留株3~4株，每亩1.2万~2.4万株。植株大的，每亩1.2万~1.6万株；植株小的，每亩1.8万~2.4万株。也可用宽窄行播种，宽行60~70厘米，窄行30~35厘米，穴（丛）距20~25厘米。

(4) 用种量　豌豆播种的用种量受播种方式、栽培密度、种子大小等因素的影响。条播栽培时，小粒种子一般每亩8~10千克、中粒种子每亩10~12千克、大粒种子每亩12~15千克。穴播的，小粒种子每亩3~4千克、中粒种子4~5千克、大粒种子5~7千克。

(5) 播种方法　豌豆可以条播，也可以穴播，具体视情况而定。条播可以按照预定的行距挖浅播种沟，按照通常的株距点播。每点播种子2~3粒；穴播的按预定行穴距作浅穴，每穴播种子4~5粒，分散撒开。播后覆土约3厘米。

3. 管理

(1) 匀苗定苗　匀苗和定苗要适期进行，穴播的一般每穴留苗3~4株，条播的一般留苗1株，如果播种的是株型较小的早熟品种，也可以留2株。

(2) 中耕除草　植株未封行前，必须清除田间杂草。一般中耕

2～3 次，疏松土壤，以利根系和根瘤菌的生长。结合中耕，进行小培土。

（3）肥水调理　豌豆种植前期如果已经施用了足够的基肥，就不需要再大量追肥。但是如果栽培的是菜用豌豆，种得较密，又分多次采收，开花结荚期也长，因此，也应根据植株生长情况，进行 2～3 次追肥。长江流域秋播的，一般在苗期、寒冬来临前、开春旺盛生长时进行，分别施三元复合肥每亩 7.5、10、15 千克；如改施农家肥，就要同时施用一些磷、钾等微量肥料。某些地区经过长期栽培，总结出了一些地方经验，值得借鉴。浙江兰溪在 3～6 叶期每亩用草木灰 100 千克撒施在豆苗上保温越冬；始花期每亩追施尿素 10 千克，以满足开花结荚需要，盛花期根外追肥，提高结荚率，促进籽粒饱满。义乌地区一般在秧苗长出之后和开花初期每亩施用复合肥 7.5 千克，尿素 5 千克，并注意磷、钾及微肥的配施。福建厦门巧施苗肥、花荚肥，苗期每亩施人粪尿 1000 千克，或尿素 10 千克；封行搭架前每亩施复合肥 25～30 千克。采收时期施用氮肥和硼肥，防止植株提前衰老，促进豆荚生长。微量元素，如钼、硼对豌豆的增产作用显著，可在开花结荚期，根外喷施 0.2% 的硼酸液、0.05% 的钼酸铵液 1～2 次；如能同时增加 0.2% 尿素液、0.4% 磷酸二氢钾液则更好。如果播种时天气干旱，就要浇水 1 次，保证按时出苗。苗期一般不再灌溉，直到始花出现的时候开始浇水，防止干旱危害。灌水 2～3 次后，即可采收嫩荚。

（4）搭架　蔓生的需及时搭架，并捆蔓，促使通风透光好，以利结荚。矮生种生长茂盛时，可搭简易栏架，以防倒伏。

（5）病虫害防治　豌豆通常会受到根腐病、菌核病、褐斑病、白粉病、锈病和潜叶蝇、小地老虎、线虫、蚜虫等病虫害的侵扰，其主要的防治方法参见病虫害防治章节。

二、塑料大棚早熟栽培

1. 育苗　菜豌豆多选用蔓生或半蔓生品种，如晋软 1 号、蜜珠、台湾 11 号等。育苗时间在 1 月上中旬，采用营养钵或营养土方育苗。播种时将营养钵或营养土方置于苗床排列整齐，浇透底水，在中间挖 3～4 个深度约 4 厘米的播种穴，每个穴内播种 1 粒种子，然后装满营养土。为了保温保墒，促进出苗，播种后的苗床上再覆盖塑料薄膜。播种后正处于最寒冷的季节，要注意防寒保温，10～18℃最适于出苗。出苗后，适当降温，保持白天 10℃左右。

当秧苗长到 2 片真叶的时候，可以适当提高育苗温度，促进秧苗生长，白天的温度保持在 10～15℃之间，夜间 5℃以上。定植前 1 星期再次降温炼苗，夜间不低于 2℃，使幼苗定植后适应大棚环境，利于缓苗。育苗期间一般不浇水，也不用间苗、中耕。对于个别干旱的苗或小苗可补充一些水分。为了方便起坨，在定植前 12 天可以浇水 1 次。

2. 定植　早春播种栽培，在 2 月初，定植前 20 天左右的时候就要开始扣棚，烤地增温。当土壤全部解冻后浅翻 1 次，并随翻耕随施肥，1/15 公顷（1 亩）施有机肥 2500 千克、过磷酸钙 30 千克、草木灰 50 千克、硝酸铵 15 千克。将肥料与土壤充分混匀后，耙平整细做畦。菜豌豆比较耐寒，在大棚最低气温高于 4℃的时候就可以定植了。定植的时间可以选在晴朗无风的中午，可以先按照规定的行距开沟灌水，再按株距放苗，水渗下后封沟。也可开沟后先放苗，覆土后灌明水。早春温度低，灌水不要太大，按穴浇水也可。为提高棚温，定植后可加盖小拱棚或二层保温幕。

3. 后期管理　为了促使秧苗尽快缓苗，定植之后一般要封闭大棚，不再通风换气。当大棚温度过高，超过 25℃的时候，在中午可短时间放风适当降温。缓苗后，逐渐加大通风，使棚内温度保持在白天 15～22℃，夜间 10～15℃。如底水充足，定植后到现蕾前一般不需浇水施肥，如比较干旱，可浇 1 次小水。

缓苗之后可以适当蹲苗，直到植株开始现蕾。这个时期可以中耕培土 2～3 次。之后可以随水施肥，肥料多为稀粪水、饼肥等有机肥，以供开花坐荚，并于浇水后及时插架引蔓。开花期应控制浇水，以免落花。待到初花结荚后开始浇水施肥，促进荚果肥大。之后每半个月浇水施肥 1 次。与春季露地栽培相比，春季大棚栽培用水量更少，但是需肥更多。肥料最好稀粪水、饼肥与化肥交替使用。进入结荚期，气温逐渐升高，要注意通风换气，白天保持在 15～20℃，夜间 12～15℃，温度过高反而影响开花坐荚，而且易使植株过早衰老。当白天外界温度高于 15℃的时候就可以放底风了；当晚上的最低气温高于 15℃的时候，就可以昼夜连续放风。气温再高时，可去掉四周薄膜，但不可撤掉顶棚，以免使菜豌豆植株迅速衰老，豆荚品质下降。

第四章 大豆生产技术

第一节 大豆的生物学特点

1. 种子 种植实践证明，种子成熟得好坏，对种子的发芽率有着直接的影响。成熟的种子水分含量低，胚胎具有更好的发芽能力。大豆种子的寿命，一般只有2~3年；成熟期高温多湿，贮藏时水分大，可削弱种子的生命活力。大豆种子在一定温度、水分和氧气的条件下才能够发芽。日均温低于5℃的时候，种子处于休眠状态；日均温在6~7℃的时候，才开始萌动发芽，但生长速度极为缓慢；日平均温度稳定上升到10℃以上时，播种后第十天只有部分种子发芽：当日平均温度达到18~20℃，大豆种子发芽最为适宜，播种4天就可以出苗，6天秧苗就可以长齐。大豆种子在发芽的时候，一般都需要吸收种子本身重量1.2~1.5倍的水分。因此，在北方春旱地区播种前应注意保墒，使土壤有足够的水分，以利于种子发芽出苗；在雨水多的南方，播种时如果雨水过多，应注意大豆田开沟排水工作。充足的氧气供应可以促进种子呼吸，促使种子内部的养分向可溶性物质转化，利于胚的生长。因此，播种时要求整地质量高，土壤平坦疏松，同时掌握适宜的播种深度，以利出苗。

2. 根与根瘤　大豆的根系为直根系，由主根、支根和根毛组成。根毛密生使根具有巨大的吸收表面（一株约100平方米）。大豆的根系可以与地上部分一起生长，直到大豆的地上部分不再生长为止。中耕较深的土壤里，大豆的根系发达，根量的80%集中在5～20厘米土层内；主根在地表下16厘米以内比较粗壮，愈下愈细，几乎与支根很难分辨，入土深度可达60～80厘米。

支根和主根上生有较多的根瘤，主要生长在距地面20厘米以上的土层中。根瘤有单生和丛生两种，质地坚硬，呈球状，颜色鲜润，微带淡红色。大豆幼苗时期，生存在土壤里的根瘤菌即从大豆根毛尖端侵入，直达根的表皮，由于一部分厚壁细胞受到刺激，便分裂产生新的细胞，膨大向外突出，形成根瘤。

根瘤菌刚进入大豆根部的时候属于寄生，等到根瘤长成之后才开始共生。根瘤菌生长发育所需的营养来自大豆的光合产物，反过来，根瘤菌固定空气中的游离氮素，除自身需要外，将多余部分供给大豆生长发育，这就是大豆与根瘤菌的共生关系。据测定，一季大豆根瘤菌产生的固体氮量约为6.45千克/亩，占一季大豆需氮量的59.64%，这是大豆氮肥需求的重要来源。

3. 茎　大豆的茎分为主茎和分枝两种，栽培种植的品种大多都有较为明显的主茎，高度为50～100厘米，矮者只有30厘米，高者可达150厘米。茎粗变化也较大，其直径在6～15毫米。主茎一般具有12～20节，但有的晚熟品种有25节，有的早熟品种仅有8～9节。大豆幼茎有绿色和紫色两种，绿色的茎一般开出的都是白色的花，紫色的茎一般开出的都是紫色的花。茎上着生有灰白色或棕色的茸毛，茸毛多少和长短因品种而异。按主茎生长形态，大豆可分为蔓生型、半直立型、直立型。栽培品种均属于直立型。

大豆主茎基部的腋芽常分化为分枝，多者可达10个以上，少者

1~2个或不分枝。分枝与主茎的角度、分枝的强弱和数量多少都决定着大豆品种的株型。按照分株和主茎角度的不同，可分为张开、半张开和收敛三种类型；按分枝的多少、强弱，又可将株型分为主茎型、中间型、分枝型三种。

4. 叶　大豆叶有子叶、单叶、复叶之分。子叶（豆瓣）出土后展开，经阳光照射即出现叶绿素，可进行光合作用。出苗之后10~15天的时间内，子叶自身蕴藏的营养物质和光合作用产物对幼苗的生长具有重要的作用。子叶展开后3天，随着上胚轴伸长，第二节上先出现2片单叶，第三节上生出1片复叶，多数品种为三片复叶。大豆复叶由托叶、叶柄和小叶三部分组成。托叶1对，叶片小而狭长，着生在茎和叶柄相连部位的两侧，对腋芽的生长起到保护作用。大豆小叶的性状和大小因品种而异。叶形可分为椭圆形、卵圆形、披针形和心脏形等。

5. 花和花序　大豆花序着生在叶腋间或茎顶端。一个花序上的花朵通常是簇生的，俗称花簇。每朵花由苞片、花冠、花萼、雌蕊和雄蕊构成；有两个很小的苞片，其上方是花萼，下部联合成杯子状。花冠为蝶形，位于花萼内部，由5个花瓣组成，花冠的颜色分白色、紫色两种。雄蕊共10枚，其中9枚的花丝连在一起成管状，1枚分离；花药着生在花丝的顶端，花柱的下面是子房，里面有1~4个胚珠，也有的可以有5个，但是以2~3个的居多。大豆是白花授粉的作物，花朵开放前即已完成授粉，天然杂交率不到1%。

6. 荚　大豆荚由子房发育而成。荚的表皮被茸毛，个别品种无茸毛。荚色有草黄、灰褐、褐、深褐以及黑色等颜色，豆荚的性状有弯镰刀形、直形和弯曲程度不同的中间性状等。豆荚内的籽种粒数具有一定的稳定性，栽培品种每荚多含2~3粒种子。荚粒数与叶形有一定的相关性。披针形叶大豆品种4粒荚的比例较大，卵圆形叶大豆品种以

2~3 粒荚为多。成熟的豆荚中常有发育不全的籽粒，或者小薄片的秕粒，产生秕粒的主要原因是结合子在受精后营养不足。

第二节 大豆品种

一、高油大豆品种

高油大豆有很多品种，其中有些为新品种，下面介绍几种高油大豆新品种，这些品种的脂肪含量均在 22% 以上，它们分别是：晋豆 19 号、邯豆四号、沧豆五号、冀黄 13 号、五星 2 号、齐黄 28 号、晋遗 30 号、中黄 24、中黄 20、晋大 70、齐黄 30。

（一）冀黄 13 号

1. 品种特性　冀黄 13 号是有限结荚品种，株高约为 100 厘米，底荚高度约 18 厘米，主茎节数较多，单株分枝数 1~3 个。根系发达，茎秆坚韧，直立型生长。株型紧凑，披针形叶，白花，棕毛，棕荚。种皮黄色，圆粒，褐脐，籽粒有光泽，百粒重 19.9 克。该品种抗病抗倒伏，河北省夏播生育期 103 天，西北春播区生育期 139 天。

2. 适宜范围　此品种在黄淮海北部夏播区域和西北部春播地区都可以播种。

3. 栽培技术要点　施氮、磷、钾复合肥 20 千克，底施或开沟追施。行距控制在 40 厘米左右，留苗数约 20 万株。浇好开花水、鼓粒水。加强病虫害和杂草防治。

（二）晋豆19号

1. 品种特性　晋豆19号株高80~100厘米，主茎节数23个，分枝2~3个，植株性状合理，结荚数多而密，茸毛黄色，紫花，叶椭圆、尖端狭长，光合效率高，粒较大，百粒重22~25克，种皮黄色，有光泽，脐蓝色；耐湿、喜水肥，抗大豆花叶病毒病，抗紫斑病，抗大豆食心虫，适应性广。品质优良，蛋白质含量约为40.62%，脂肪含量约为24.39%，春季播种的生育期为125~130天，夏季播种约95天左右。

2. 适宜范围　适宜北方春大豆区的山西、河北、陕西北部、新疆、甘肃、宁夏春播；黄淮海地区的山西、陕西南部，河北中南部、天津、山东、河南、江苏夏播。

3. 栽培技术要点　春季播种一般留苗8000株，夏季播种留苗约15000株，生长期施用硝酸磷30千克，农家肥2500千克。8月上旬至8下旬防治大豆食心虫，用速灭杀丁、来福灵、杀虫星等，一般喷2~3次，每次间隔7天。

（三）中黄24

1. 品种特性　该品种具亚有限结荚习性，均匀型。株高94厘米，株型收敛，紫花，棕毛，长叶形，种皮黄色，有细微的光泽；粒型椭圆，脐褐色；抗病性和抗倒伏性都非常好，生育期106天，成熟后不裂荚。

2. 适宜地区　适宜在黄淮海中片地区，尤其适宜晋西南、鲁东北、冀南、陕中南地区种植。

3. 栽培技术要点　施氮、磷、钾复合肥20千克。栽培行距控制在40厘米，留苗数约20万株。浇好开花水、鼓粒水。注意防治杂草和病虫害，如食心虫、豆元青等。

(四) 中黄20

1. 品种特性　中黄20是有限结荚品种，株高70～80厘米，主茎结荚，底荚高15～20厘米，生育期夏播100天，春播120天。紫花，灰毛，圆粒，种皮黄色，黄脐，百粒重在19～21克，分枝2～3个。

2. 栽培技术要点　播种量4～5千克，肥地宜稀，瘦地宜密；早播宜稀，晚播宜密。亩保苗在1.5万～1.8万，因地制宜。播种前施用腐熟的有机肥料2～3吨，播种时配合施用磷肥和钾肥。

及时防治虫草害，注意有病害时应及时打药。进行节水灌溉，特别是分枝期、花期和鼓粒期，要防止干旱，及时灌水，这对于防止植株落花、落荚，增加单粒重具有很大的促进作用。

选对收获时机。种子收获太晚，容易损失过熟的种子，收获太早会使单粒重降低。如果要用来留种，在收获之前还要及时拔除田地的杂草和劣质秧苗。

(五) 齐黄30

1. 品种特性　该品种为有限结荚习性，株高75～90厘米，主茎16节，叶片中等大小、卵圆形，白花（个别紫花），茸毛棕色，结荚密，多2～3粒荚，种皮黄色，籽粒椭圆形，种脐褐色，百粒重18～20克。夏季播种的生育期为95～100天，是夏季播种的早中熟品种。

2. 适宜地区　适宜在山东、河北夏播区种植。

3. 栽培技术要点　这种大豆对水肥的要求较高，适合在具有深厚肥力的地块栽种。植株有一定的分枝，所以亩留苗1.3万～1.5万株，土壤瘠薄适当增加种植密度。适宜夏播。播种时底墒要足，达到苗全苗旺，各生育阶段遇旱时适时浇水，以使花多、荚丰、粒饱。

要在播种之前增施氮、磷、钾等各类复合肥料10~20千克，或者追施磷酸二胺10~15千克。在孢囊线虫病地施肥更能发挥增产效益，轻病地块增产2成以上，重病地块增产4~5成，甚至成倍增产。在植株生长的各个时期都要注意防治卷叶虫、豆虫、造桥虫、蚜虫、棉铃虫、豆荚螟等各类虫害，保证植株产量。

二、高蛋白大豆品种

高蛋白大豆品种的蛋白质含量均在45%以上，常见品种包括：冀豆12号、豫豆22号、齐黄26、冀豆15、齐黄27、郑92116、郑9525、科新3号、科丰14号、中黄22等。

（一）齐黄26

1. 品种特性　齐黄26号是有限结荚大豆，植株直立收敛，株高约75.3厘米，分枝数为2~5个，单株有效结荚46个，底荚高约12.6厘米，单株粒数99.2粒，单株粒重17.7克。圆叶，白色花，棕色茸毛，圆形籽粒，黄色种皮，褐色脐，百粒重23克左右。抗花叶病毒病及霉霜病。植株抗倒伏性较好，不裂荚，属于中晚熟的大豆品种，生育期为105天。

2. 适宜地区　适宜在山东中部和山东西南部两大大豆产区及河北、河南、安徽、江苏等地夏播种植。

3. 栽培技术要点　齐黄26对土壤的要求不严格，沙质土、沙壤土、壤土、黏壤土或黏土均可种植。以土层深厚、有机质含量高，排水方便的土壤为宜。多数单作，但是也可以套作在幼林的果园之间。忌连作。足墒播种。花期追施复合肥15千克，鼓粒初期施10千克尿素。在分枝、开花、结荚、鼓粒期遇旱浇水，确保花多、荚大、粒饱。注意防治病虫害。

（二）冀豆15

1. 品种特性　冀豆15号是一种有限结荚品种，株高60～70厘米，主茎节数约14个，底荚高度15～20厘米，单株有效分枝1～3个。白花，灰毛，椭圆粒，种皮黄色，黄脐，百粒重21～23克。生育期95天左右。该品种长势好，成熟早，抗病抗倒伏，外观品质优良，适应性好。

2. 适应范围　适合在河北地区夏播种植。

3. 栽培技术要点　麦收之后要及时播种，早种早收，提高栽培产量。合理密植，一般行距40厘米，亩留苗密度1.3万～1.6万株，水肥条件好、高肥力地块1.3万株为宜，水肥条件较差的低肥力地块1.6万株为宜。开花之前植株的需水量较少，一般不需要浇水，要注意蹲苗；到植株开花和鼓粒期，就要开始适时浇水，保证开花和结荚的需要；要掌握“无风快浇，风大停浇”的原则，防止“大水漫灌”。施足底肥，特别是磷、钾复合肥，小麦播种时一次施足，夏播麦收后一般不再施底肥。在开花的时候可以每亩施用10千克尿素，在鼓粒期和灌浆期喷施适量微肥和营养调节剂，促进豆荚成熟。

（三）齐黄27

1. 品种特性　该品种具有限结荚习性，株高60～80厘米，属半矮秆品种，主茎15～16节，分枝0.6～0.7个，叶片宽披针形，白花，棕色茸毛，秆强，短果枝，荚密，多3～4粒荚，株形紧凑。豆粒种皮呈黄色、种脐褐色，性状近圆形，百粒重19～22克。这种大豆品种具有较好的抗倒伏、抗裂荚，抗大豆花叶病的能力，生育期为100～105天。

2. 适宜地区　该品种适宜在山东北部、中部、中南部，河北南部，河南北部，山西运城等地区种植。

3. 栽培技术要点　山东中部、北部，河北东部种植密度以1.3万~1.5万株/亩为宜。豫北、山西等地种植植株较矮，种植密度可以提高到1.3万~1.5万株/亩。播种前施用优质农家肥或复合肥等作为底肥，分枝、初花期追施磷酸二铵15~20千克/亩。足墒播种，出苗后及时补苗、间苗、定苗。分枝、开花、结荚、鼓粒期遇旱浇水，确保荚多粒饱。及时对症防治害虫。

三、其他大豆品种

(一) 五星1号

1. 品种特性　五星1号是具有有限结荚特性的大豆类型，株高为92~100厘米，主茎结荚为主，主茎节数17~20个，有效分枝0.85个，植株叶片下部偏大，上部渐尖，紫花棕毛，荚色深棕，不裂荚。种皮黄色微光，浅褐脐，粒形椭圆，百粒重20~24克，夏播生育期101天。该品种植株生长旺盛，根系发达，对盐碱、倒伏、病毒病都具有一定的适应性。

2. 适宜范围　适合栽培区域为黄淮海中部地区，特别是冀南，东北，晋西南，陕中，南部地区栽培生长较好。

3. 栽培要点　注意轮作，最好选2年以上未种过大豆的地块。适时播种，一般夏播应于6月25日前播种为宜，足墒播种，下种均匀，播深3厘米。根据栽培地块的肥力情况，采用合适的栽培密度，一般中上等肥力地块每亩留苗1.4万~1.9万株，肥力低薄的地块要合理密植，密度控制在1.7万~2.2万株。科学施肥，一般应施底肥，如抢时播种应尽早追肥，注意增施磷肥，一般每亩施磷酸二铵10~20千克。及时间苗和中耕除草。做好虫害防治工作，重点防治棉铃虫、红蜘蛛，豆天蛾、甜菜夜蛾等。注意适时浇水，尤其是花荚期和鼓粒期更要防止植株缺少。

（二）中黄18

1. 品种特性　该品种具有限结荚习性，株高50厘米左右，茎秆粗壮，结荚高度9.7厘米，主茎节数10.4个，分枝2.2个，单株荚数33.6个，单株粒数66.9个，百粒重22.9克。籽粒扁圆形，种皮黄色，脐黑，具有细微的光泽。叶片呈椭圆形，落叶性良好，花白色，棕色的毛。此品种开花集中，成熟整齐，早熟性好，矮秆，抗大豆花叶病毒病，是与冬麦较匹配的夏播品种。经鉴定是高抗大豆花叶病的栽培品种，生育期约98天，适合夏季播种。

2. 适宜范围　栽培面积较广，适合在河北、山西、山东等省的部分地区种植，在北京密云和顺义等地区夏季播种效果良好。

3. 栽培要点　中黄18适于中、上等肥力的土地种植，麦收后足墒早播，6月中下旬播种，亩密度1.6万~18万株。出苗后，及时补苗、间苗、定苗。播种时可拌种生物钾肥，追施磷肥、钾肥，适时中耕除草，注意浇足豆荚鼓粒水，定期预防病虫危害，及时收获。

（三）中黄28

1. 品种特性　该品种具亚有限结荚习性，株高90.3厘米，单株粒数86.4个，百粒重18.9克。夏播生育期115天，春播生育期131天。平均株高89.5厘米，单株粒数84.1个，百粒重222克。籽粒黄色，圆形，具有光泽，脐褐色。叶片呈圆形，花为紫色，灰色的毛，落叶性好。经国家大豆改良中心接种花叶病毒鉴定，大豆花叶病毒病（SMV）3病情为1~2级，混合株系病情为1~2级，大田自然条件病情为1～2级，认定该品种为抗病品种。

2. 适宜区域　该品种适合在河北、山西、山东的部分地区种植，京津地区也可以栽培。

3. 栽培要点　中黄28适于春、夏播，中、上等肥力的土地种植。北京地区春播4月底、5月初播种，亩密度1.2万株左右；夏季栽培要适期早播，6月中旬左右按照1.5万株的标准播种，出齐秧苗之后，及时补苗、间苗、定苗，确保苗全、苗齐、苗壮。播种时可拌种生物钾肥，追施磷肥、钾肥，遇旱浇花荚鼓粒水，及时中耕除草，注意防除病虫害，及时收获。

（四）中豆28

1. 品种特性　中豆28是有限结荚的栽培类型，株高90～100厘米，茎秆弯曲度高，分枝数目多，呈塔形。尖圆叶，紫花，籽粒椭圆形，种皮黄色，略有光泽，褐脐，百粒重18～20克。生育期为98天左右。1998年中豆28在吉林市农科院大豆所经人工接种鉴定高抗大豆花叶病毒病。该品种适应性广，适合在半干旱和肥力中下的地块栽培。中豆28是典型的早熟夏季大豆栽培品种。

2. 适宜范围　适合于北京市郊区密云、顺义等县夏播种植，同时也适于天津市、河北省、山西省和山东省部分县市。

3. 栽培要点　中豆28适合在6月中、下旬播种，适宜密度约1.5万株，播种时可以用生物钾肥适量拌种，然后适量追施磷肥、钾肥，遇旱浇花荚鼓粒水，中耕除草，注意防除病虫害，及时收获。

第三节 大豆灌溉施肥技术

一、大豆的施肥技术

（一）基肥

大豆的生长期比较长，施用肥效较长的有机肥料作基肥能起到培肥改土和提供养分的作用，还可以促进大豆根瘤固氮作用的发挥，加速大豆的生长发育过程。大豆生长情况与根瘤的固氮能力具有密切的关系，而根瘤的固氮能力与土壤肥力水平又有密切关系。在土壤肥力较高的条件下，大豆甚至可以只施有机肥料而不施化肥就能有较高的产量，这主要是由于肥力较高的土壤在常年有机肥的滋养下，具有了很高的提供磷肥、钾肥和微量元素的能力，从而为根瘤固氮创造良好的条件。根瘤固氮能力的提高明显改善了大豆的氮营养状况。大豆基肥多用农家肥。施用量根据粪肥质量、土壤肥力和前作施用等具体情况来确定。一般优质粪肥只需要施用 1000 ~ 1500 千克，而粪肥质量较差的，就需要施用 2000 ~ 2500 千克。瘠薄地和前作耗肥大、施肥量少的地块要注意多施粪肥。

基肥中要加入磷矿粉或过磷酸钙等速效性磷肥。一般每亩用磷矿粉 80 ~ 100 千克，或过磷酸钙 20 ~ 30 千克。施用磷肥的时候一般要和有机肥混合后发酵，大豆基肥一般在秋耕时混施，一般在翻前扬粪，撒匀后通过耕翻和耙地将肥料翻入 10 ~ 20 厘米的土壤中，使肥料与土壤混合。大豆基肥要深施，这对保证大豆生育后期特别是结荚鼓粒期的养分供应有很大作用，因为大豆开花结荚之后，大豆靠近地表的根系都开始老化，对肥料的吸收能力减弱，只剩下吸肥能力强的幼根和根毛都密集于10~20厘米的土壤层。另外要根据需要在基肥中施用硼、锰、锌等微量元素肥料。

（二）种肥

增施磷肥作为大豆种肥一般都可以取得很好的高产增收效果。具体用量为每公顷150~225千克。如果需要，每公顷可施氯化钾或硫酸钾60~100千克或草木灰600~1200千克。种肥一般不用氮肥，但对瘠薄地、地力差或早熟的大豆品种，需施少量氮肥，一般每公顷施用硫酸铵75千克。如果用氮肥和磷肥配合用作种肥，一般按照氮：磷为1：2的比例配制，或者可以每公顷用75~150千克磷酸二铵。施用种肥时要特别注意肥料与种子隔离，避免接触种子，以免烧种烧苗。施肥深度为8~10厘米。

另外，播种前要根据需要对大豆种子用钼、铁、锌、硼等微量元素肥料拌种或浸种。在大豆播种前接种根瘤菌具有十分明显的增产作用，增产幅度可以达到10%~15.9%，尤其是新垦地或缺少大豆根瘤菌及根瘤菌活力低的土壤，施用根瘤菌肥料是大豆增产的有效手段。

1. 根瘤菌剂拌种　首先要根据当地的具体情况选用具有较强侵扰力的根瘤菌剂。菌剂用量为每公顷2250~3750克，需要根瘤菌数量为250亿~1000亿个。如果采用机械播种的方式，就可以适量减少菌剂用量，每公顷1875克即可。拌种方法：将所需要的根瘤菌剂放在内壁光洁的瓷盆或木盆中，加少量（每公顷7.5~22.5千克）新鲜米汤或清水将菌剂调成糊状，再与种子拌匀。机械播种加水量也要适当减少，避免种子粘连，堵塞排种管，导致缺苗和断垄现象。

阴干种子：种子阴干后可根据需要用草炭粉或泥浆裹种后，拌磷、钾、钼、锰等肥料。

2. 根瘤法接种　在大豆盛花结荚期，选择植株健壮，根瘤大而红的粗壮根条，挂在通风避光的地方风干。在播种的时候把根瘤加入少量水后用来拌种，大约每公顷用量 3750 克。

3. 客土法　在大豆收获时，挖根际表土若干，放在通风避光处风干。播种时每公顷用此土约 112. 5 千克，加入适量磷肥、钾肥拌匀后播种。

以上方法中以根瘤菌剂拌种法具有更好的效果，但是如果根瘤肥供应不足，也可以配合施用根瘤法和客土法，都可以在一定程度上起到促进的作用。

(三) 追肥

大豆追肥以硫酸铵、碳酸铵、尿素等氮肥为主，同时配合磷肥、钾肥。春大豆幼苗期以根系发育为主，在施用基肥和种肥后，一般不必追施苗肥。花期追肥是大豆生产中的一个重要组成部分，最适宜的追肥时间是开始开花和分枝的时候。这几个时期植株养分的供给情况直接影响分枝与花芽的分化，所以植株瘦弱地块要适量追施适宜的化肥以保证大豆的分枝数和花数。追肥数量一般每公顷追施硫酸铵 75 ~ 150 千克或尿素 37. 5 ~ 75 千克，或磷酸二铵 75 ~ 112. 5 千克或过磷酸钙 112. 5 ~ 150 千克。追肥的同时要结合中耕除草，即除草之后开沟，将肥料倒入其中，然后培土，将肥料盖上。追肥不宜乱撒乱扬，否则既浪费肥料、又容易烧伤豆叶。

大豆在盛花期间前后也可采用叶面喷施的方法追肥。这个时期是大豆植株生理活动旺盛时期，必须供给足够的营养，满足花荚生长的营养需求。施用 1 次叶肥，可以在初花到盛花期喷施；施用两次，第一次在初花期，第二次在大豆终花至初荚期。叶面追肥可用尿素，钼酸铵、磷酸二氢钾、硼砂的水溶液或过磷酸钙浸出液。

一般每公顷用钼酸铵 15 ~ 150 克，硼砂 1.5 千克，尿磷酸二氢钾 1.125 ~ 2.25 千克，尿素 7.5 ~ 15 千克。根据具体需要选择肥料单施或混施。稀释水量依喷施工具而定。机引喷雾器每公顷加水 225 ~ 300 千克，背负式喷雾器每公顷加水 750 ~ 1125 千克，飞机喷施每公顷加水 45 ~ 105 千克。叶面追肥应于无风晴天的下午进行。

(四) 微肥

微量元素肥料通常简称为微肥，是指植株在正常生长发育中不可缺少的微量营养元素，通常是在工业加工过程中制成，在农业生产中作为肥料施用，如硫酸锌、硫酸锰、硫酸铜、钼酸铵、硼砂和硼酸、硫酸亚铁等。微量元素肥料还包括其他含微量营养元素的废渣土等。使用微量元素时要注意，应根据土壤的需要来决定使用的肥料的种类和具体的量。微量元素在土壤中一般都有一定的含量，但其有效性受土壤影响很大，在不同土壤条件下，微量元素的丰缺也不一致。因此，应本着缺啥补啥的原则，在对土壤分析和实验的基础上，确定施肥的具体用量。

混合的微肥元素种类不宜过多，各种微肥在浓度适宜时才能发挥作用，若混合过多就很难保证各种微肥的最佳浓度和施用量，这样不仅不能更好地发挥作用，而且对大豆生长也不利。

弄清各种微肥之间、微肥和土壤之间的相互关系，对于合理施肥具有很大的帮助。大豆对营养成分的吸收，都是通过离子化之后再进行吸收。由于土壤中 pH 不同和微肥所带电荷及价数不同，离子间会出现互相吸引、互相对抗、互相抑制等现象，影响大豆的吸收利用，所以对其相互间关系的了解和掌握十分有必要。通常认为，氮、磷、钾肥和钼肥混合使用的效果很好；锌肥与硫酸铵、氯化铵可混合施用，不能与尿素、碳酸氢铵、氨水混合施用；硼肥可与氮肥、磷肥混合施用；铜肥、锰肥、硼肥在一定条件下可按比例混合施用。

1. 钙肥　钙肥可以用作基肥，也可以用来在初花期追施，在钙质缺乏的酸性土壤上施用石灰，或者在黄泛石灰性冲积土上施用石膏，都可以取得很好的增产效果。在酸性土壤上宜施用碱性的石灰，一般每公顷施225～375千克。在盐碱土、石灰性土上宜施用生理碱性肥料——石膏，一般每公顷施300～450千克。钙肥施用上尤要注意，对于土壤含钙过多、石灰性丰富、呈碱性反应，或施用石灰过多的地块，就要少施用或不施用钙肥，防止对多种微量元素吸收产生影响，导致大豆出现缺铁，缺锰，缺镁，缺硼的现象。

2. 钼肥　目前常用的钼肥主要有工业用钼酸铵、钼酸钠等速溶钼肥，还有三氧化钼、含钼工业废渣、含钼玻璃废肥料等迟效钼肥。

①拌种。把钼酸铵20～30千克，放在35～40℃的温水中溶解，然后再加入0.75～1千克的水，调制成1%～2%的溶液；再称取50千克的种子，放在水泥晒场或其他平坦的地上，用喷壶或喷雾器均匀地将钼酸铵溶液喷洒在豆种上，边喷雾边搅拌均匀，使溶液全面附着在种皮上，阴干后即可播种。注意拌种后的种子一定要阴干，以免霉烂而降低发芽率，但不要晒种，避免种皮破裂，影响种子萌发。如果还需要给种子拌入其他药物，就要等种子阴干之后再拌入。钼肥也可与根瘤菌拌种结合进行。

②浸种。称取钼酸铵15～25千克，用少量温水溶解后，对水12.5～15千克，配成0.1%～0.2%的溶液，然后再把计划播种的种子放入，浸泡3～5个小时，捞出后就可以播种了。

③叶面喷施。速效钼肥喷施浓度以0.1%～0.2%为宜，每公顷

喷药量以750千克为宜。可仅在苗期或花期喷施，但钼素在植株体内难以再利用，以苗期、初花期各喷一次为好，还可在盛花时期多喷施一次。钼肥不仅可以单独使用，也可以和其他肥料如磷肥、氮肥等混合施用。每公顷用磷酸二铵450克，或11.25千克尿素，或11.25～15千克过磷酸钙浸泡一夜后的上清液，分别与每公顷规定用量的速效钼肥配成混合溶液，喷施叶面。

④注意事项。虽然大豆对钼肥的需求量比非豆科植物要高，但仍是作为微量元素使用；使用时一定要严格控制用量，如超出规定标准，会使大豆发生钼中毒。

3. 硼肥　硼肥以硼酸最好，硼砂次之。硼肥最好作基肥施用，其次是根外追肥，也可作种肥和拌种。

①基肥。每亩用20～30千克的细土或有机肥与500克硼酸搅拌均匀，均匀地撒在田地中，然后翻耕入土，或开沟条施；或用硼砂泥、含硼玻璃废料25～30千克与过磷酸钙充分混合、撒匀后翻耕入土。

②叶面喷施。每公顷用硼酸或硼砂1.5千克，对清水750千克，即成为0.2%的溶液，于大豆始花期和盛花期各喷一次。

③拌种。按照每千克大豆种子0.4克的标准称取硼酸，放在2千克的清水中充分溶解，然后用喷雾器喷施在大豆种子上，边喷边拌，力求均匀，晾干后即可播种。

④注意事项。大豆施用硼肥应严格控制用量，否则引起硼毒害，不仅不能增产，反而造成减产。

4. 铁肥　铁肥的种类有螯合态铁、硫酸亚铁、硫酸亚铁铵等多种，都是极易溶于水的速效铁肥。铁肥的使用方法主要分为浸种和叶面喷施两种。

①浸种。称取硫酸亚铁150～225克，对水180～225千克，配

制成0.1%的硫酸亚铁溶液，待充分溶解后，将公顷播种量的种子放入，浸泡12小时，捞取后晾干、播种。

②叶面喷施。在发现新叶发黄的时候每公顷喷施0.2%的硫酸亚铁溶液750千克，连续喷施2次即可。

③注意事项。如果在缺铁地块种植大豆，最好同时采用这两种方法施用铁肥，如果采用一种方法，则以叶面喷施效果最好；因铁易被土壤固定，叶面喷施则可避免土壤固定。

5. 锌肥

①撒施。由于锌肥的药效缓慢，施用之后不会立刻见效，所以一般用作基肥使用，不用于追肥。每公顷一般用15千克硫酸锌，与3千克细土掺匀，作基肥撒施或条施。

②浸种。以0.1%～0.5%的硫酸锌溶液浸种12小时，捞出晾干种皮，即可播种。

二、大豆灌溉技术

（一）灌溉的时期和效果

1. 播前灌溉　大豆种子生长对水分的需求高，吸水量占自身重量的120%～140%，因此，如果不能保证充分的水分供应，即使播种质量高，也会造成出苗不全不齐，影响群体发育，降低产量。在干旱或播种前土壤墒情不好的地区，播前灌溉坐水种植可以保证大豆发芽对水分的需求，保证苗全、苗齐、苗壮，为实现高产稳产打下基础。有的地区在大豆收获之后秋灌，为翌年春播准备良好的水分供应。夏大豆可在前作收后即灌水。有的地方在前作小麦收获前7～10天灌溉。南方部分秋大豆区，有的播种后灌泡种水，促使种子吸水发芽，一般浸湿土壤即可。如果大豆出苗之前土壤干旱，浇水的时候特别要注意慎浇蒙头水，因为蒙头水容易导致浇水后土壤板结，影响出苗，如播种时底墒差，播后又遇高温，不浇水，大豆子叶接近地表但难以出土，浇蒙头水后，对部分因板结出苗困难的地块要小心地破除板结，不要伤害子叶。

如果因为各种原因导致地块内土壤墒情不均匀，种子不能发芽，或发芽初期遇旱后难以继续发芽的，所以浇蒙头水后必须破除板结以帮助出苗。有灌溉条件的地区播种前土壤干旱，为赶农时应采用浇底墒水的办法解决干旱问题，不可在播种后浇蒙头水解决干旱问题，这既不安全又费工。

2. 幼苗期灌溉　大豆幼苗期对水分的需求很大，适量浇水可以满足植株生长的各种需求，但是如果灌水过多，容易使土壤湿度过大，易使幼苗节间伸长，不抗倒伏，或结荚部位高，坐荚少，产量低。大豆幼苗期一般不宜灌溉，应适当蹲苗以促进根系下扎。夏大豆由于幼苗期温度高，蒸发量大，遇旱可小水灌溉。

3. 分枝期灌溉　大豆分枝期为植株营养生长的旺盛阶段，这个时期大豆对水分的需求逐渐增多，只有保持适宜的土壤水分，才能促进分枝生长和花芽分化。分枝期土壤干旱，应适量灌水。早熟品种生育期短，灌水促进前期枝叶繁茂生长，更为必要，但分枝期灌溉灌水量宜小不宜大。

4. 开花结荚期灌溉　开花结荚时期是大豆生长最旺盛的时期，对水分的需求也达到顶峰。春大豆栽培区，在 7 月下旬到 8 月中下旬大豆开花结荚期，虽然是多雨季节，但仍常发生轻重不同的水分亏缺。此期遇旱灌溉可增产 10% ~20%，旱情严重时灌溉则可增产 50%或更高。夏大豆开花结荚期遇旱灌溉，增产幅度可达 32% ~45%。这个时期一定要加大灌溉用水量，每公顷的灌溉水量控制在 600 ~615 立方米。

5. 鼓粒期灌溉　结荚鼓粒初期需水量达到高峰，此后需水量虽然渐渐减少，但对水分却更加敏感。鼓粒前期遇旱将会影响籽粒正常发育，单株荚数和粒数下降。鼓粒中后期缺水，粒重明显降低。只有保证土壤中充足的水分供应，才可以提高豆荚的结实率，增加豆荚的荚数和粒数，进而提高产量。研究表明，鼓粒期灌溉每公顷产量2976千克，比花期灌溉增产13.2%；研究还表明，不同品种对灌溉的反应有所不同，有的品种灌溉后增产幅度大，有的增产幅度较小。

黄淮流域一般只有6~9月份的降水可以满足大豆生长的需求，其他生育期的降水则严重不足。例如播种季节的6月上、中旬，一般无透地雨，6月上旬降水量20毫米左右，6月中旬更少；6月下旬不同地区先后进入雨季，降水量逐渐增加，但仍无法满足播种对水分多的需求。大豆花芽分化到鼓粒期间是全年降水最多的时候，但是年际降水的不稳定性，导致旱涝灾害时有发生。夏大豆对水分的要求较高，依靠自然降水难以满足夏大豆的要求，特别是播种季节，往往因土壤水分不足影响适期播种，结荚、鼓粒期则会对单株产荚的数量产生影响。栽培实践表明，大豆生长各生育期受旱对其产量的影响为：结荚鼓粒初期>盛花期>分枝末期。简单可行的灌溉依据是：观察植株形态，在晴天上午10时到下午14时观察夏大豆植株，当发现叶柄有下垂现象，但到傍晚叶柄又恢复到正常状态，这就说明大豆植株缺水，需要及时浇水。

（二）灌溉方法

1. 沟灌　垄作地区普遍采用沟灌，它受地形限制小，水从垄沟渗进土壤，防止水接触垄上土层造成板结；可以隔沟灌溉，节约用水，加快灌水速度；干旱严重地块应逐沟灌溉。灌水可分段进行，坡度低于 10 度时，每段长 59 ~ 60 米比较适宜。

2. 畦灌　畦灌具有省水、灌水速度快、灌水量容易控制、不会导致土壤冲刷、肥料流失等优点，但是畦灌受地形地势的影响很大，土地不平，使灌水不均匀；水从表土渗入，易造成土壤板结。

3. 喷灌　采用机械化喷灌，可提高灌溉效率。喷灌不受地形限制，减少沟渠设置，节约用水。地温影响相对较小，土壤不会出现裂缝。相比而言，在土壤十分干旱的时候，喷灌的作用不如沟灌和畦灌。

第四节　大豆引种与良种繁育

一、大豆引种

1. 北方春大豆区引种　北方春大豆区纬度高，夏季日照长，只有对光（温）不敏感的品种才能适应。低纬度地区晚熟品种如果引入到北方，必然开花成熟延迟，甚至秋霜前都不能成熟。本区引种需注意以下问题。

①东北沈阳、哈尔滨、长春地区可以引进偏北地区的中晚熟品种用作当地的早熟品种，也可以引用偏南 1 ~ 2 个纬度的较早熟品种作为引入区的晚熟品种。黄淮地区的早熟夏大豆及长江流域的早熟春大豆也可引入试种，但大多容易出现炸荚现象。

②新疆南部地区和辽宁南部夏季作为复种用的大豆品种，可以引种到黑龙江地区北纬 46°地区试种。

③新疆春大豆产区，可自东北的北纬 42° ~ 46°地区引种。

④北京、天津附近的春大豆区，可自东北地区的中部和南部，以及山西的中部引种。

⑤山西中部地区种植的春大豆可以在东北中、南部，河北一带或江淮地区引种，山西南部的夏作大豆和北部的春大豆，可以从东北地区引种。

2. 引种注意事项

①高纬度地区从低纬度地区引入对光（温）敏感的大豆品种种植，出现不能正常成熟的现象，严重者不能开花。例如巨丰品种，其为南方晚熟夏大豆品种，如引入淮河以北种植，其生育期变得更长，几乎不能成熟。这样引种失败的例子很多。

②黄淮地区的晚熟品种和夏季栽培大豆在引种到长江流域作为夏播大豆栽培的时候，年际表现不稳定，有的年份表现正常，但多数年份表现不正常，如落荚、烂荚严重，表现不耐高温高湿。如东北春大豆引入长江流域作春、夏播大豆种植，虽然可以用作毛豆，但是却不能够收获干籽粒，有的情况下甚至出现绝收的现象，引入品种感染病害严重，特别是大豆花叶病毒病。一般来说，引入品种当年病害并不严重，但种植一两年后，病害会越来越严重，这主要是因为大豆花叶病毒是种子带毒传播和作为主要初染源的，如果品种本身没有很好的抗病能力，种子的带毒率就会越来越高。上述问题出现的根本原因，就是大面积引种前没有进行多年多点引种试验。

二、良种繁育

良种繁育是品种应用的基础，当品种应用到生产上时就必须有足够的种子量，良种繁育就是为栽培提供具有优良品质和较高纯度的足量种子。大豆品种在推广的时候，不但要繁育出足量的种子，还要在良种繁育期间，通过提纯复壮，保持品种的纯度和种性。品种的纯度也是良种繁育中的重要环节。保持大豆品种的纯度，就可以保证品种的产量和品质，满足人们对多样化的大豆品种的特殊要求。

（一）原种生产

1. 原种标准

（1）典型性状一致　我国规定，大豆原种的纯度要高于99.8%。大豆原种要具有高度一致的典型性状，包括植株整齐一致，品种纯度高等。

（2）种子质量好　籽粒发育充分，饱满一致，发芽率高，无霉烂及杂草种子，不带检疫病虫害。

（3）优良性好　由原种生长的植株，与原品种比较，其生长势、抗逆性和生产力等不降低。

2. 生产程序和方法　原种生产主要是通过种子去杂去劣与提纯选优的方法，从原品种中选择生长健壮、各方面的品质都十分优良的植株，繁育出纯度高、质量好的种子，并在各繁育过程中继续去杂去劣。生产原种一般采用单株选择、分系比较和混系繁殖的方法，即株行圃、株系圃和原种圃的三年三圃制，或株行圃和原种圃的两年两圃制。

（1）选择圃　选择圃是用来从中选择优质植株的苗圃。此圃中栽培的可供挑选的植株，来源于纯度较高的具有原种典型性质的田地。种植的方法为稀植点播。采用优良的栽培方法，以利植株充分发育，便于进行单株选择。选择方法应根据原品种的典型性状，进行准确的选择。各生育阶段根据植株、叶片形态特征、抗病性等性状综合选择单棵植株，做好标记，然后等到秧苗成熟的时候，再进行初选植株的复选，选择的时候要侧重植株的产量性状、成熟期和抗逆性等表现。入选的单株应分别脱粒，最好脱粒后根据种粒性状再淘汰一批种粒不合格的单株的种子。

（2）株行圃　株行圃主要是用来种植上年入选的单株种子。把每个单株收获的种子分别种成一行或几行，然后对单株的后代进行鉴定比较，根据其表现，观察是否合乎原品种的典型性。播种方法仍为点播或稀条播。采用优良的栽培方法，田间管理措施要均匀一致。在各生育阶段进行田间观察，不断比较各个单株植株的典型性状、整齐度以及选择性状的优劣程度；然后把那些典型性状较差和生长不良的株穗行进行记录并作标志，以便于收获时淘汰。在观察记载过程中注意进行去杂去劣。决选收获时，收前要根据各株行的综合表现，严格淘汰杂劣株行；选择的时候要注意结合植株的典型性和优良性，做到留选的株行优良、整齐、无杂株和劣株，而且各行间在主要性状上表现一致；先收掉被淘汰的株行，作粮食处理，不作种用；最后将典型、优良、整齐度好的株穗采收、考种、脱粒；也可以从株行圃入选的株行中选择一些优良的单株，用作下年株行圃的种子。

（3）株系圃　将上年当选的株行种子，分别种植于株系圃。每株行的种子种一小区（单系），对其典型性、丰产性、适应性等进行进一步比较试验。种植方法一般采用稀条播，小区面积和行数根据种子的数量来确定，每间隔 9 个区设置一个对照区，用来比较本品种生产用种和上次生产原种。田间观察比较与选择标准基本同于株穗行圃，但应从严掌握，分区（单系）收获，作为丰产性选择的重要依据。要求当选株系产量不得低于邻近对照。最后将入选株系的种子混合作为下一年原种圃播种用种。

（4）原种圃　将上一年经过挑选的种子栽培在原种圃内，栽培时也应该稀播栽培，并要在植株的开花期和成熟期两次进行纯度鉴定，严格去杂去劣。生产出来的种子，合于国家规定标准者为原种。

上述原种生产程序是经过株行圃、株系圃和原种圃的三圃制。这是经过三级提纯，即一年选单株，一年进行株行间的比较鉴别，一年进行株系的比较试验，所以称为三级提纯。这种方法可以用来生产水稻、大豆、小麦等作物的原种。使用时选用二圃制或三圃制，主要根据作物繁殖倍数和需要原种量以及遗传性稳定程度的大小来定。繁殖倍数低或要求原种量高，特别是遗传稳定较差的作物，应采用三圃制；反之，可采用二圃制。

3. 原种生产技术　为了保证原种生产的质量，首先需要精选原种生产的种子来源，其次要创造适合种子生长的环境条件，这都对种子的原种生产产生影响。

（1）选择地块　原种生产应选择地势平坦、土质优良、地力均匀、排灌方便的地块，并应注意合理轮作倒茬，不施未腐熟的厩肥，避免造成混杂。

（2）播前处理　种子播种前首先要做好种子的晾晒、挑选和药剂处理工作，其次就是要精细整地，适时中耕培土，保证出好苗、出齐苗。

（3）管理措施　各项田间管理措施要合理、及时和细致，达到既能保证植株正常生长发育，使品种性状充分表现，发挥最大生产潜力，又不至于造成倒伏，影响选择效果。

（4）收获脱粒　经过几次挑选的种子，要在专门的场地及时脱粒，同时在种子的收获、晾晒、运输以及贮存的过程中都要防止出现机械混杂。

（二）良种生产

1. 良种田设立　良种田就是用来生产纯度高、品质好的优良种子的田块。在这些田块上选择出具有该品种典型性的优良单株混合脱粒，作下年种子田的种子，余下的经去杂去劣、混合脱粒作生产田用种。良种田分为两种，一种是一级种子田，另一种是等级种子田。一级种子田的面积较小，一般不超过1公顷，这样可以便于提纯选优和加强管理，确保种子质量，为以后各级种子田打下基础。另一种是等级种子田，当某一品种在生产上播种面积大，一级种子田不能满足要求时，则可采用等级种子田的形式。

2. 良种田面积的确定　良种田的栽培面积受到此类作物的生产栽培面积以及各类作物的繁殖系数影响。繁殖系数指的是根据某品种单位面积所生产的种子用的产量，即“标准种子”产量和播种量来计算的。东北地区大豆的繁殖倍数为20～30倍。由于不同级别的种子田及所处的耕作管理、施肥水平、土质土壤等具体的环境条件不同，所以繁殖系数也各不相同。一般原种田和一级种子田的繁殖系数相对较高。二三级种子田及生产条件差的种子的繁殖系数较小。为保证有足够的优良种子，一般在计算良种田面积时，要有一定数量的贮备种子，贮备种子为所需种子量的20%～30%。最终根据大豆的栽培面积来确定良种田的栽培面积。

3. 良种的生产技术

（1）选择地块　良种生产一般要在地势平坦、土壤深厚、排水和保水效果都很好的耕地进行。

（2）合理轮作　应选择当地最适宜的轮作制度，前茬不应是易混作物。

（3）精耕细作　加强田间管理，要在深翻地的基础上整平耙细，做到储水保墒；播前进行种子处理，适时播种；及时中耕，并做好秧苗的田间管理工作，适时浇水和培肥，为种子创造良好的生长条件，促进产量的提高。

（4）防止机械混杂　除正确轮作外，同一作物的不同品种不应相邻种植。如必须相邻种植，则中间应设间隔道，收获时两边行应去掉0.5米不作种用，以避免可能的机械混杂。播种前应彻底清理播种机械。种子在运输的时候一定要装在袋子里，旧袋再利用要经过彻底的清理，装袋之后要在袋子的内外设标签，避免混杂弄错。每个品种要单收、单拉、单脱粒、单晒、单贮藏。种子仓库要彻底清理和进行消毒，消灭老鼠及其他虫害。

（5）田间去杂去劣　田间管理要定时去杂去劣最少2次，具体时间可以在容易产生明显生长差异的定苗期、抽穗期、开花期和成熟期。

（6）建立良好的管理制度　种子田各项工作要有专人负责，最好采用一包到底的办法：包繁育任务、包种子质量、包技术措施实施，并建立奖惩制度。要做到种子田有标牌、有档案、有田间观察和物候学记载，有调查总结等。

（三）良种检验

1. 扦样　扦样指的是种子取样或抽样，由于抽取种子样品的时候经常用扦样器取样，所以称为扦样。扦样是良种检验的首要环节，是开展种子检验工作的第一步。扦取样品必须具有代表性，并且要对样品密封，然后再进行下一步检验。

2. 净度测验　净度是用来衡量种子质量的重要标准，净样分析是用来精确地检测种子样品中各个组成部分，包括净种子、其他植物种子、杂质等重量的百分率，并鉴定样品混合物特性的一个必要程序。由于净种子和其他植物种子区别明显，因此分析的关键是区分净种子与杂质．以及其他植物种子与杂质。把种子分成上述成分之后，就要把各个组成部分分别称重，称量的单位是克。进行试样分析的时候，所有成分的重量百分率应计算到一位小数。百分率必须根据分析后各种成分重量的总和计算，而不是根据试验样品的原始重量计算；而后进行纯度测验，种子纯度和生活力的测验一般都通过发芽试验进行。发芽试验的样品是经过净度分析的净种子，数量为400粒。一般在发芽箱或发芽室内进行试验。大豆种子的良好发芽需要有水分、温度、氧气和光照等条件。大豆种子对水分较敏感，水分一多，发芽差，甚至不发芽。种子发芽温度有最低温度、最高温度和最适温度的区别。最低温度下种子的萌发十分缓慢，发芽率不高；在最高发芽温度下，由于酶活性等受到抑制，种子虽能发芽，但产生畸形苗。因此，只有在最适宜温度下，种子才能有正常良好的发芽。大豆发芽较适宜的温度为25～28℃。随着大豆种子对水分的吸收，大豆种子对氧气的需求也逐渐增多，要保证充分的氧气供给。

第五节　大豆栽培技术

一、大豆窄行密植技术

（一）概述

以往将行距小于50厘米的播法称之为窄行条播，随着机械化的发展，化学除草剂技术的推广应用，大豆窄行密植栽培技术对提高单产发挥了显著作用。目前已形成平作是以“深窄密”为代表的窄行密植配套模式，垄作则是形成了以“大垄密”“高垄平台”等为代表的窄行密植栽培模式。这些窄行密植综合配套模式已在各地得到广泛的应用与推广。

（二）主要模式与技术措施

目前，大豆窄行密植栽培技术涌现了不同形式的栽培模式，以大机械化“深窄密”“大垄密”为代表的窄行密植综合配套模式，在世界各地广泛应用，并在此基础上发展出了如“高垄平台”“小垄密植”等多种适应特定地区栽培的生产模式。这种栽培模式已经把大豆产量水平提高到公顷产量3000千克以上。

选择适宜的矮秆、半矮秆抗倒伏的品种。“深窄密”“大垄密”选择品种必须以“不会发生严重的倒伏”为前提，否则就难以达到增产的目的。因此采用“大垄密”“深窄密”、栽培方式必须选择抗倒伏的增产潜力大的矮秆、半矮秆品种。目前生产上应用较适宜品种黑龙江有红丰11、北丰11、黑河19等，吉林省适合窄行的品种有吉育47，辽宁省有铁丰31、辽豆14，内蒙古地区种植可以使用黑龙江地区的栽培品种，但是要注意不要选用当地熟期过早的品种，防止对积温的浪费。

1. 深松的耕作基础 “深窄密”“大垄密”对土壤耕层要求更加严格，它要求需有一个良好的土壤耕层条件，要达到耕层深厚、地表平整、土壤细碎；有深翻、深松基础的地块，可进行秋耙茬，耙深12～15厘米，耙平整细。深耕适合采用大犁改装的深松机或ISQ-250型全方位深松机，保证深松深度达到耕层以下6～15厘米，要求深浅一致，不得漏松。“深窄密”平播的在伏秋整地的基础上达到播种状态；“大垄密”和“小垄窄行密植”都应该在秋季整地的基础上起垄，进行耙茬深松起垄或伏秋翻起垄。“大垄密”窄行密植可用做台机打成130～140厘米的大垄，垄高15～18厘米，垄体压实后垄沟到垄台的高度为18厘米，小垄窄行密植可用普通起垄机打45~50厘米的小垄，起垄后镇压，达到待播状态。

2. 施肥　想要实现窄行密植栽培的高产稳产，就必须增施肥料。农肥要增施，中等肥力的田地每公顷施用量约为22.5吨。化肥要氮、磷、钾搭配，施用量要比常规垄作增加10%以上，有条件的要进行测土配方施肥，还要因地施用微量元素肥料。种肥深施或施作叶面肥来保证大豆开花期对营养物质的需求。肥料的施用具有规律性，要按照“最小养分律”原理，进行土壤养分的测定，按照测定的结果，动态调剂施肥比例。在没有进行平衡施肥的地块，施肥的一般氮、磷、钾可按1：(1.15~1.5)：(0.5~0.8)，分层深施在种子所在土层下方5厘米和12厘米的地方。肥料用量为每公顷磷酸二铵150千克，钾肥80千克，尿素50千克。氮肥磷肥充足条件下应注意增加钾肥的用量。施肥装置采用划刀式，并在花期喷施叶面肥。叶面第一次施肥在大豆盛花期，二次施肥在开花初期与结荚初期，可以每公顷施用尿素5~10千克，磷酸二氢钾2.5~4.5千克，飞机喷洒施肥可以取得良好的效果。

3. 播期　以当地日平均气温稳定通过5℃的80%保证率之日期作为当地始播期为宜。黑龙江大多数地区可在4月25日开始，比原播种期提早7~10天。早播大豆要适当增加钾肥的用量；早播有利于很好地利用土壤中的水分资源，早播栽培一定要用种衣剂拌种后施用，并要计算好花葵期的具体时间，防止和当地的降雨期相遇。

4. 种子处理　由于机械精播对种子要求严格，所以种子在播种前要进行机械精选。种子质量标准，要求纯度大于99%，净度大于98%；芽率大于95%，水分小于13.5%，粒型均匀一致。精选后要对种子进行包衣处理，在土壤pH在5.5~6.5之间，并且多发根腐病的情况下，可以每100千克大豆种子用2.5%适乐时150毫升加益微菌剂100~150毫升（克）；或每100千克大豆种子用35%多克福1500毫升+益微菌剂100~150毫升（克）；或每100千克大豆种子用2%菌克毒克（2%宁南霉素水剂）1000~1500毫升+益微菌剂100~150毫升。当土壤的pH高于6.5的情况下，可以每100千克大豆种子用2.5%适乐时150毫升+35%金阿普隆40毫升+益微菌剂100~150毫升（克）；或每100千克大豆种子用2%菌克毒克（2%宁南霉素水剂）1000~1500毫升+益微菌剂100~150毫升；或每100千克大豆种子用100~150毫升益微菌剂+1.5升35%多克福。出行种子包衣处理的时候，要尽量少用。MAX（适乐时+金阿普隆）或适乐时，如要拌均匀需加水稀释，加水量不要超过种子量的1%。包衣要包全，包匀。包衣好的种子要及时晾晒，装袋。

在土壤肥力情况良好的秧田播种，可以采用平播“深窄密”的栽培模式，在地势低洼的地方播种，可以采用“大垄密”种植模式。“深窄密”播种行距30~35厘米，双条精量点播，即行距平均为15~17.5厘米，株距为11厘米；播深3~5厘米；以气吸式播种机，一次完成播种效果最好，“大垄密”栽培方式一般都是把原来70或65厘米的垄合并成140或130厘米的大垄，在垄上种植3行的双条播，即6行。另外，也可采用拖拉机下1.4米，种植4~5行；播种机两边各是两个1米的大垄，垄上种4行。同样可以按照具体情况的需要，采用20或30厘米单条播、或45厘米双条播的栽培方式，具体形式可以因地制宜。播种密度要依据土壤、品种、行距等情况确定。一般公顷播种密度可在45万株，以45万/公顷为基础。各方面条件优越，肥力水平高的，要降低播量的10%；整地质量不佳，且肥力水平较低的，要播量增加约10%。

5. 播种标准　播种前首先要做的就是调整播种机，把拖拉机和播种机悬挂连接好，直到机具的左右和前后都调整到水平状态，与拖拉机对中。气吸式播种机风机的转速应调整到以播种盘能吸住种子为准，风机皮带的松紧度要适度，过紧对风机轴及轴承影响较大，容易出现磨损和故障，过松转速降低，容易产生空穴。精量播种机更换了地轮上的链轮和中间的传动轴来实现播种量的调整，并通过改变外槽轮的工作长度来实现施肥量的调整，调整时松开排肥轴端头传动套的顶丝，转动排肥轴，增加或减少外槽轮的工作长度来实现排肥量的调整。要求种子的播量和施肥量必须流量相等。如果施肥铲出现故障，可以松开施肥铲的顶丝，调整施肥的深度，深施肥在10～12厘米，浅施肥在5～7厘米。行距的调整，松开长孔调整板上的螺栓，使行距调整到要实施的行距，锁紧即可。播种时要求播量准确，正负误差不超过1%；每百米的偏差不超过5厘米；播种的时候要播到地头、地边，不留死角。

6. 田间管理　可用旋转锄于大豆出苗前、单叶期和第1片复叶期分别除草一次。“深窄密”“大垄密”栽培的化学除草应采取秋季土壤处理、播前土壤处理与播后苗前处理这三个时期的处理方法。秋季土壤处理，可以施用除草剂或者混土施药，施药的同时还可以结合秋季大豆施肥一起进行。秋施广灭灵（异恶草松）、普施特、阔草清、施田补等，喷后混入土壤中。播前土壤处理，使土壤形成5～7厘米药层。可选用速收（2-二羧酰亚胺）、乙草胺或金都尔（异丙甲草胺）混用。播后苗前土壤处理，主要控制一年生杂草，可同时防除已经长出土的杂草。土壤处理主要用金都尔（异丙甲草胺）、广灭灵（异恶草松）、乙草胺混合后喷液，每公顷用液量为150～200升。要保证喷液雾化良好，喷洒均匀，喷量误差小于5%。喷药的时候要注意以下几点：第一，坚持标准作业，喷洒均匀，不重，不漏。第二，整地质量要好，土壤要平细。第三，要彻底混土，具体的时间和深度视除草剂的具体要求而定。

选用化学除草剂一般有以下几个原则；第一，安全最重要；一定要选用具有高度安全性能的除草剂类型。第二，据杂草种类选择除草剂和合适的混用配方。第三，根据土壤质地、有机质含量、酸碱度和自然条件选择除草剂。第四，选择适合的喷洒机械设备和良好的施药技术。第五，每块秧田都要使用两种以上的混合除草剂，同一地块不同年份间除草剂的配方要有所改变。大豆开花初期，使用植物生长延缓剂控制株高、调节株型，以达到壮秆、壮根、防倒、抗逆、平衡营养等作用。

大豆“大垄密”“深窄密”栽培需要保证以下几个必要的条件，否则就不要勉强采用这种栽培模式。第一，要有深松的基础。第二，窄行的目的是使大豆群体分布均匀，所以可根据本地实际情况，因地制宜，采取不同行距，一般单条平均可在15～20厘米。第三，要有较好的除草剂应用技术，杂草较多的秧田不适合采用这种栽培方式。第四，根据栽培品种的具体情况，采用适当的栽培密度，具体标准是要保证公顷收获株数掌握在40万～45万。第五，后期一定要喷叶面肥。

二、大豆行间覆膜技术

（一）概述

大豆机械化行间覆膜栽培技术是黑龙江垦区近几年推广的一项新技术。这项技术是针对黑龙江省春旱严重、气温较低的特点而采取的以地膜栽培为载体，以机械化覆膜为核心，并结合良种良法和农艺农机的新的栽培模式。它的突出特点是：具有抗旱、增温、保墒、提质、增产、增效、集雨以及防冬霜冻害的作用，是北方寒地旱作农业的又一项创新性的栽培技术。这种栽培技术主要包括伏秋整地、深松耙茬、适时早播、精量点播、适当降密、苗带除草。栽培品种大都具有秆强、主茎结荚的特点。生产实践证明，其增产幅度可以高达30%，并且收获的大豆品质明显提高。与传统栽培方式相比，该种模式具有机械化速度快、省时、省工、管理方便、效率高，更具有便于残膜回收、免除白色污染的特点。大豆机械化行间覆膜栽培技术主要有平作行间覆膜和大垄垄上行间覆膜两种技术模式。

（二）主要模式与技术措施

大豆行间覆膜技术根据具体栽培方式的不同，又可以分为大垄垄上行间覆膜和平作行间覆膜栽培两种方式。一般在干旱地区、风沙较大地区采用平作行间覆膜；在生育前期干旱、后期雨水较多的地区采用大垄垄上行间覆膜。

1. 适应区　大豆行间覆膜栽培技术因具有明显的保墒、增温等作用，而使大豆显著增产、增收。但是大豆覆膜栽培并不是应用于所有地块栽培，只是较为适合土壤肥力中下的岗地和平川地栽培，不适应无干旱发生的地区或者二洼地、易内涝的地块。大豆平播行间覆膜、大垄垄上行间覆膜应选择排水及渗透性良好，前茬为禾谷类作物或非豆科作物，有深松基础的地种植。

2. 整地　采用大豆覆膜栽培方式时要注意整地条件的选择，不要在刚浇过水的时候就湿整地。对麦茬等没有深松基础的实行深松；对玉米茬等有深松基础的采用耙茬或旋耕。深松深度35厘米以上，耙茬深度15~18厘米，旋耕深度14~16厘米。要保证整地后耕作层的土壤疏松细碎，没有大块，符合播种的要求。大豆大垄垄上行间覆膜的整地要在伏秋整地后，起1.3米的平头大垄，并及时镇压。秋起平头大垄的标准要遵循八个字，即高、宽、平、齐、匀、直、施、墒。“高”就是垄台高度镇压后要在10~15厘米；“宽”是要保证垄台面的宽度不小于90厘米；“平”是指垄台面要平整，土碎无坷垃，无秸秆；“齐”是起垄起到头、起到边，地头整齐；“匀”是垄距均匀一致；“直”是垄向直，百米误差不超过2厘米；“施”是有条件的进行秋施肥、秋施药；“墒”是要及时镇压，保证良好的土壤墒情。

3. 播种

（1）品种选择　根据当地的气候和栽培条件，选用适当的熟期品种，保证品种在正常年份能充分成熟，又不浪费有效光热资源。由于品种生育日数成熟期和活动积温年际间变化大，以当地主栽品种作参照是十分必要的，凡与主栽品种熟期相近的就不会出现太大的栽培问题。在进行品种选择的时候，一定不要选用晚熟的大豆品种，因为覆膜根本无法使作物提前成熟，但是可以选用当地中熟品种作为行间覆膜选用的品种。另外，大豆行间覆膜要选用主茎发达、中短分枝、茎秆直立、单株生产力、秆强抗倒伏的品种。目前，黑龙江省东部地区，可选择黑农41、黑农43、绥农14、垦丰9等品种；西部地区栽培可以选用垦鉴豆25、垦鉴豆26、垦鉴豆27、黑河27等品种；内蒙古地区可采用合丰40、内豆4号、北疆1号、蒙豆9号等品种；吉林地区可采用长农13、吉林12、吉林47等品种；辽宁可采用铁丰29、铁丰31等品种类型。

（2）地膜选择　一般要选用0.01毫米厚，60~70厘米宽，具有较强拉力的地膜，以便于机械起膜作业。大豆平作行间覆膜要改变以前膜的宽度80厘米为60厘米，这样能使田间分布更为均匀，有利提高产量。

（3）种子处理　先要机械精选，保证种子的净度大于98%，纯度大于99%；芽率大于95%，水分小于13.5%，粒型均匀一致。精选后的种子要进行包衣，在根腐病发生严重，土壤pH值在5.5～6.5时可以用下面的药剂进行种子的包衣处理。每100千克种子用100～150毫升益微菌剂加150毫升2.5%适乐时；或每100千克大豆种子用35%多克福1500毫升加益微菌剂100～150毫升（克）；或每100千克大豆种子用2%菌克毒克（2%宁南霉素水剂）1000～1500毫升加益微菌剂100～150毫升。当土壤的pH值大于6.5的时候，可以每100千克大豆种子用100～150毫升益微菌剂加40毫升35%金阿普隆加150毫升2.5%适乐时；或每100千克大豆种子用2%菌克毒克（2%宁南霉素水剂）1000～1500毫升加益微菌剂100～150毫升；或每100千克大豆种子用35%多克福1.5升加益微菌剂100～150毫升（克）。MAX（适乐时加金阿普隆）或适乐时的用量要少，在混合的时候可以加入少量的水稀释，但是加水量要低于种子量的1%。包衣要包全、包匀。包衣好的种子要及时晾两天，装袋。

（4）播种期　采用覆膜技术种植大豆的地块，可以提早播种。一般可以比正常播种期提早7天。确定合理播种时期的依据是：在耕作层5厘米的位置连续5天温度高于5℃的时候，就可以开始播种了。一般的适宜播期，黑龙江省东部地区为4月20日至5月1日，黑龙江省西部地区和内蒙古大豆主产区为4月28日至5月5日；辽宁省4月15日至5月5日；吉林省平原区4月15～25日，山区或半山区4月20日至5月1日。

（5）播种方法　大豆行间覆膜栽培多采用机械播种的方式，可以选用辽宁省瓦房店生产的2BM-4型四膜八行覆膜播种机；黑龙江省白桦耕作机械有限公司生产的2BM-4型四膜八行平播覆膜播种机；黑龙江省大西江农场生产的2MBJ-8型四膜八行或2MBJ—10型五膜十行平播覆膜播种机。这些播种机械都可以一次性完成秧田施肥、覆膜、播种以及镇压等工作，保持苗带间距为65厘米，在地膜外精确点播，种子与膜的间距为3~5厘米。大豆大垄垄上行间覆膜选用黑龙江省白桦耕作机械有限公司的2BM-3型行间覆膜通用耕播机，垄上膜外单苗精量点播，每次可以播种六行，行距约为65厘米，并且也是所有程序一次完成。

(6) 机械调试 无论使用哪种型号的覆膜播种机，在使用前都要进行机械调试。重点是施肥装置、覆膜装置、播种装置、覆土装置。要调试好施肥的数量、位置和深度，地膜的伸展状况，播种的数量、均匀度和深度等。行间覆膜作业的质量高低主要取决于播种机具的合理调整。

4. 施肥

(1) 施肥量确定 由于地膜覆盖后有增加肥料利用率的作用，因此可适当减少种肥量，增加叶面肥次数。施肥比例最理想的是通过大豆平衡施肥，按照“最小养分律”原理，进行土壤养分测定，按照具体的缺肥情况，动态地施用肥料。没有经过平衡施肥测定的地块，具体的肥料用量要视土壤肥力而定，一般每公顷施氮肥、磷肥、钾肥120~150千克。氮、磷、钾的比例，黑土地为1:1.5:0.6；白浆土地为1:1.2:0.6。肥料商品量为每公顷施用尿素50千克，钾肥100千克，磷酸二胺150千克。在氮肥和磷肥供给充足的条件下要注意多施用适量的钾肥。

(2) 施肥方法 采用分层侧深施肥。肥在种侧膜内或膜边5厘米左右，1/3肥施于种侧膜下5~7厘米深处，2/3的肥施于种侧膜下10~12厘米深处。

(3) 叶面施肥 叶面施肥的主要时期为大豆的花期，第一次施用的时候是大豆的开花初期到开始结荚的时候，第二次施肥是在大豆盛花期。可用尿素加磷酸二氢钾，用量为每公顷尿素 5～10 克加磷酸二氢钾 2.5～4.5 千克。最好采用飞机航化作业。

5. 田间管理

（1）化学灭草　化学灭草的主要方式是对土壤进行处理，并连同使用茎叶处理的方式。一般要在播种前进行土壤处理，和在秋季及时施药。化学除草要重视除草剂品种和配方的选择及经济效益、生态效益、社会效益，合理使用除草剂，要重视除草剂品种结构的调整。选择除草剂的时候，一定要注意挑选持效期适中、杀草谱宽、不影响后期作物栽培的剂型，这样才能达到既消灭杂草，又不影响后期播种的效果。

苗前施药比苗后施药药效稳定，成本略低，产量高、效益好，秋季施药又比春季苗前施药效果稳定、产量高。苗后施药一般比苗前每亩成本高 1～2 元。苗后受雨水影响或错过时机，易产生药害，导致杂草丛生，甚至导致 10%～40% 不等的减产。一般在苗前施用效果较好的除草剂包括速收（2-二羧酰亚胺）、广灭灵（异恶草松）、金都尔、都尔（异丙甲草胺）、普乐宝（异丙草胺）、阔草清、宝收（噻磺隆）、普施特等。

土壤处理和茎叶处理应根据杂草的种类和当时的土壤条件选择施药品种和施药量。茎叶处理可采用苗喷雾器施药。施用的药量要相对减少约 1/3。一般喷液土壤处理每公顷用量为 150～200 升，茎叶处理喷液量每公顷 150 升。要达到雾化良好，喷洒均匀，喷量误差小于 5%。苗后除草剂施药时药液中加入喷液量 0.5%～1% 的植物油型喷雾助剂药笑宝、信得宝等，具有很好的增效作用，可以减少除草剂用量至少 30%，并且不会产生对植株的毒害作用。

（2）中耕管理　在大豆生育期内机械中耕 3 遍，第一遍中耕在大豆出苗期进行，中耕深度以 15～18 厘米为好，或于垄沟深松 18～

20 厘米，要使沟和垄帮有较厚的活土层。第二遍中耕在大豆 2 片复叶时进行，中耕的深度要控制在 8 ~ 12 厘米，中耕的时候要高速作业，产生用土挤压苗间草的效果。第三遍中耕深度仍以 8 ~ 12 厘米为好，要注意保持土壤清洁层，防止伤根或培成小垄，以利机械收割。三次中耕的深度变化，一般是深—浅—浅。

6. 病虫害防治　大豆栽培种植主要是对大豆食心虫、大豆蚜虫、灰斑病等病虫害进行防治。对蚜虫和蓟马的防治：百株蚜量达到 1000 头，蓟马每株 20 头以上或顶叶皱缩，且近期无大雨，温度适宜，用乐果乳油进行防治。

（1）大豆灰斑病的防治　在 7 月到 8 月降雨增多的时候，大豆十分容易出现灰斑病危害，这时候可以每公顷施用 1. 125 千克 70% 甲基托布津或 1. 5 千克 50% 多菌灵进行防治。

（2）大豆食心虫的防治　要在测报基础上，在成虫盛发期每公顷用 2. 5% 敌杀死 0. 3 ~ 0. 375 升或 2. 5% 功夫乳油 0. 3 升或 30% 桃小灵乳油 0. 45 升等菊酯类杀虫剂喷雾防治。

7. 化学调控　大豆行间覆膜栽培增温，增墒，促进了大豆植株的生长，可以视大豆的生长情况，在初花期选用三碘苯甲酸、多效唑等化控剂进行调控，防止大豆植株徒长和倒伏情况的出现。

三、大豆“三垄”栽培技术

（一）概述

大豆“三垄”栽培技术是旱作大豆高产综合技术体系，不仅是深松，深施肥和精量播种三项技术的简单组合，必须和其他栽培措施相互配合，才能最大限度发挥其增产潜力。根据各地的经验要抓好以下主要技术：

(二) 主要配套技术措施

1. 选种　在“三垄”栽培技术的推广过程中，首先就是要注意选用高产、优质、高效的推广品种。种子要定期更新更换，不要年年都用自留种子。由于实行精量播种，对种子质量要求十分严格，所以种子必须经过精选，剔除病斑粒、杂质和虫子蛀蚀的颗粒，保证种子的纯度不低于98%，净度高于97%，发芽率高于90%，而且种子大小均匀，提倡以村为单位统一供种。

2. 伏秋精细整地　“三垄”栽培技术对整地质量要求很高，要做到耕层土壤细碎、地平，提倡要深松起垄，保持条垄宽度一致，垄向平直。整地的同时可以伴随施用优质的农家肥或化肥。在上冻前7～10天深施化肥较好。在整地方法上，要大力推行以深松为主体的松、耙、旋翻相结合的整地方法。由于广大农村大型拖拉机较少，小四轮遍地开花，所以真正做到深松的秧田面积很小，有的松土很浅，甚至都没有打破犁底层，难以起到松土的效果。有些地区仍采用以平翻为主体的机械整地方式，耕层深度浅，蓄水保墒能力差，作业费用高。连年平翻，增加了耕翻次数，有的甚至使土壤又形成了新的犁底层，不仅增加了作业费用，有时还会导致作物减产。所以在土壤作业上坚持深松为主，配合整地的方法是十分必要的。这样既可以为大豆生长发育创造了一个良好的土壤耕层，又节约成本，避免浪费。其方法要根据当地的生态特点、生产条件及茬口等灵活运用。无深翻、深松基础的地块，可采用伏秋翻同时深松或旋耕同时深松，或耙茬时深松的作业方式。翻耕的深度要达到18～20厘米，并且结合进行，保证秧田松地后没有大块的土块。耙茬深度12～15厘米，深松深度25厘米以上；有深翻深松基础的地块，可进行秋耙茬，拣净茬子，耙深12～15厘米。对于垄作大豆在伏秋整地的同时要起好垄，达到待播状态，前茬种的是玉米的，在春季整地之后还要顶浆扣垄并镇压；即使是经过深翻深松之后，也要拿净茬子，耢平茬坑，使其达到播种的要求。

3. 适时播种，保证播种质量　要做到适期播种，黑龙江地区一般在5月10~15日播种，中南部地区4月25日至5月10日，吉林、辽宁播期在4月中旬。在能解决种子下窖，并取得深松播种经验，播种时土壤墒情优良的田地，可以采用几项作业一次性完成的深松播种法。但是在春旱较重，种子下窖现象严重，又没有深松播种经验的地方。不宜使用这种方法。精量播种要根据保苗株数，计算好播量，然后垄上双行精量播种，双行间小行距10~12厘米。采用机械垄上等距穴播法，穴距一般保持在18~20厘米，每穴播种3~4株。播种的具体深度为镇压后4~5厘米，播种和镇压要一起完成。

4. 增施肥料　增施有机肥是增加土壤有机质，改善土壤理化性状，提高土壤肥力，保证农业持续发展的最佳途径。改革开放后，农业生产迅速发展，大豆生产水平也有了很大提高，肥料施用有了量的提高，但是有机肥的施用面积依然很小，施用肥量也还不足，导致部分地区的地力水平明显下降。各地除要充分利用人畜粪便积造农肥外，要积极利用植物秸秆，发酵沤制农肥，结合整地起垄施入农肥，每公顷施优质农肥15~22.5立方米。除施用农家肥外，还可以适量施用大豆有机复合肥料。常见的如惠满，其腐殖酸含量约占12%，氮、磷、钾和微量元素含量占25%，有机质含量占30%。化肥的施用要做到氮、磷、钾搭配，并因地补充微肥，有条件的要进行测土配方平衡施肥。配方平衡施肥是一种科学、经济的施肥技术体系，是提高化肥利用率，降低生产成本，增加效益的重要措施。有关职能部门可以提供“测、配、供”配套服务，真正实现按照测土后配方施肥，具有更高的效率和针对性。没有配方施肥条件的地方，应按照减磷、增钾的原则确定。中等肥力地块，一般每公顷施磷酸二铵100～150千克，硫酸钾40～60千克。近几年，开发了大豆专用肥，各地可在试验、示范取得成功的基础上合理施用。另外，近年来有的地方采用大型耕播机深施肥的方法，保证了肥料的分层施入。施肥量大时，第一层施在种下4～5厘米处，占施肥总量30%～40%，第二层施于种下8～15厘米处，占施肥总量的60%～70%。在施肥量较少的情况下，第二层肥料可以施用在8～10厘米的位置。如果大豆前期的生长不够旺盛，就可以结合二遍地铲后趟前追施氮肥，每公顷施尿素37～74千克，追肥后立即中耕培土；或在大豆初花期每公顷施用尿素10千克，加磷酸二氢钾15千克，溶于500千克水中喷施。微肥的施用，必须遵循具体的施用标准，不可以盲目提高使用量，防止药害发生。

5. 加强田间管理　苗期的田间管理要搞好深松和铲趟工作。在大豆植株开始拱起土的时候，铲前深松或趟一犁。及时铲趟，做到两铲三趟，铲趟伤苗率要小于3%。后期在草籽尚未成熟前拔净大草。植株除草可以采用土壤封闭灭草的方法，不要过分施用除草药剂。

6. 适期收获　如果采用人工收获的方式，就要在大豆落叶超过90%的时候进行，机械收割则要等大豆的豆粒变圆，叶片全部落净之后才可以。收获后的大豆要进行人工或机械挑选，保证产品的质量。

第五章 豆类蔬菜病虫害防治

第一节 豆类蔬菜病害防治

一、病毒病

病毒病是一种十分常见的豆类病害，多发于秋季露地栽培的蔓生菜豆，发病会对豆类结荚产生影响，降低产量。

1. 症状识别　病毒病是一种豆类在幼苗期到植株长成都会发生的病害类型，根据豆类品种不同、侵染的病毒种类不同、环境条件的差异以及植株的生长时期不同，一般可以有如下几种表现。

(1) 叶片　叶片染病时一般都是幼叶最先发病，出现叶面凹凸不平、叶片褪绿、页面边缘弯曲、叶片皱缩以及严重变形等症状。

(2) 豆荚　荚果较小、结荚数量少、豆荚上出现深绿色的斑点状物质，成熟期延后等。

(3) 植株　生长点坏死、萎缩、开花时间晚、落花现象严重等。

2. 病原　病毒病的主要病原是普通花叶病毒、黄瓜花叶病毒等，主要危害豌豆、扁豆、豇豆和蚕豆的生长发育。

3. 传播途径　病毒的传播主要是通过蚜虫和汁液接触，但是不同种类的病毒的种子带毒率不同，菜豆普通花叶病毒的带毒率为30%～50%，黄瓜花叶病毒的种子不带毒。当外界的环境温度不同时，此病的外显症状也不相同。一般气温在18℃的时候症状表现很轻微，20～25℃的时候有利于病毒病症状的显现，当气温高达26℃以上时，植株表现出重度的卷叶、花叶或矮化。另外，土壤缺少肥料的供给以及受到强光或长时间光照后，症状明显。

4. 综合防治

(1) 种子处理　播种之前用10%的磷酸三钠溶液浸泡种子20分钟，药剂消毒后再冲洗干净。如果发现种子带毒，田间管理的时候一定要拔除病秧。

(2) 农业防治　豆类种植的时候尽量不要大面积种植同一种豆类品种，防止病毒的相互传播。栽培地要深耕整地，消灭掉田间的次生苗。选择播种时间时一定要尽量避开蚜虫高发的时期。后期管理的时候要施足基肥、培育健壮的秧苗；采用喷灌的灌溉方式，有效控制翅蚜类病害。

(3) 化学防治　化学防治的主要用药有植病灵、菌毒清、毒克星、NS-82增抗剂等药物，用于病害预防时可以每10天左右喷施1次，连续喷施3～4次。当秧苗患病后可以与钾肥、磷肥一起施用。

二、煤霉病

煤霉病又叫叶霉病，是一种多发于豇豆的叶斑类疾病。发病初期可以看到叶片上有紫褐色的小块病斑，以后逐渐扩大为圆形的病斑，表面伴生有煤烟状霉，严重的可以导致叶片脱落。此病高发于高温高湿的气候和环境条件下。

1. 农业措施　田间农业防治主要是加强田间管理，定期做好田园的卫生清洁工作，保持植株生长在氧气充足、通风透亮的环境下，避免过度浇水和浸泡，增施磷肥和钾肥。

2. 药剂防治　加强发病前的预防以及发病初期的治疗。比较常用的药剂包括：40%灭病威500倍液、50%甲基托布津1000倍液、14%铬铵铜300倍液、15%粉锈灵（三唑酮）1000倍液、77%可杀得500倍液、40%多硫悬浮剂800倍液、50%多菌灵1000倍液。

三、疫　病

疫病是一种多发于豇豆的真菌感染类疾病，主要对植株的茎蔓产生危害。发病部位大都贴近地面，初期病部呈不定型的水浸状暗色斑块，茎部周围出现褐色的缢缩，发病部位之上的枝叶枯萎发黄而死。当空气湿度较大时，植株的皮层出现腐烂，表面产生白霉。

1. 农业措施　豆类轮作，合理规划灌溉的时期，提高种植畦位。

2. 药剂防治　发病初期可以用25%甲霜灵800倍液进行喷施，起到防止疾病进一步恶化和蔓延的作用。

四、锈　病

锈病是一种多发于菜豆的豆类病害，主要危害豆类的茎、叶、豆荚。一般发生在露地栽培的夏季，棚室高温高湿的情况下也可能发生。在豇豆、蚕豆和豌豆植株上也可以发生。

1. 发病症状　此病发病初期主要侵害豆类的叶片，一般都会在病叶的背面出现褪绿小黄斑点，形同0.5～2.5毫米的圆，发病严重后小斑点逐渐扩大，中部隆起呈褐色的小疮斑，疮斑破裂之后散出锈病孢子。植株的茎部和叶脉染病后也多为条形或圆形的斑点，最终也破裂为褐色的孢子粉。

2. 发病条件 此病的病原是一种真菌，一般病菌冬季和植株残体在土壤中过冬，待温度升高到适合孢子生长的时候便开始产生夏孢子，并随着气流而进行传播。夏孢子萌发的最适温度为16～22℃，最适日均温为24.5℃，潜育期为9～12天。夏季高温、高湿、灌水过多等都会提高此病的发病率。

3. 防治方法

（1）选用抗病品种 通过种植近年来杂交育成的高抗豆类品种，可以很好地防治这种疾病的发生。

（2）合理密植 保护地栽培时要注意合理灌溉，不要大水漫灌和浸泡秧苗，露地栽培要注意在大雨过后及时排出地里的积水，随时保持地里通风透气，防止产生高温、高湿的环境条件。

（3）田间管理 在田间发现患病的植株要尽早拔掉，并且严格清理田地残留的患病植株的叶子、茎秆、豆荚等，防止后期传染。

（4）药剂防治 发病初期可以用25%三唑酮（粉锈宁、粉锈灵、百里通）可湿性粉剂2000倍液喷洒，注意喷药的间隔期为7天，而且喷洒上限为3次；也可以换用50%萎锈灵乳油800～1000倍液喷洒，使用方法相同。

五、白粉病

1. 症状识别 白粉病是一种主要危害植株叶片的豆科疾病。发病初期叶片上出现近圆形的粉状白霉，逐渐融合成粉状斑，严重的时候就会布满整个叶片，造成叶片脱落或枯死。

2. 病原 此病的病菌是菜豆单囊壳，这是一种子菌亚门真菌。

3. 传播途径 病原在土表的植株残体上越冬，到第二年条件适合的时候，就散发出子囊孢子感染秧苗，然后患病秧苗的染病部位可以再分生出许多孢子，然后依靠气流来进行传播，扩大发病面积，

4. 发生规律　此种病菌的环境适应性很强，无论是潮湿多雨的环境还是干旱的气候条件下都可以萌生，影响植株的生长。尤其是当干湿气候交替出现的时候，此病的发生频率会更高。

5. 综合防治

（1）农业防治　播种的时候选用可以高抗病虫害的豆类新品种，加强田间的水肥和灌溉管理。豆类收获后及时清除田间残留的患病植株，集中销毁和填埋。

（2）化学防治　此病的发病初期可以用多种药物进行防治。主要有10%施宝灵胶悬剂1000倍液、6%乐必耕可湿性粉剂1000～1500倍液、12.5%烯唑醇可湿性粉剂2000～2500倍液、40%氟奎唑乳油9000倍液、2%武夷菌素200倍液、20%三唑酮乳油2000倍液等，但是在采收前7天必须停止用药。

六、猝倒病

1. 发病症状　猝倒病的主要危害对象是种子幼苗，一般在种子长出前就会发病，造成烂种和烂芽；幼苗期会在茎部产生水渍状的淡褐色病斑，最终导致茎细胞的腐烂和萎缩，使秧苗倒地而死。在高温高湿的适宜气候条件下，病菌迅速蔓延，造成大面积的倒伏现象。

2. 发病规律　病菌大多可以以卵孢子的形式在土壤里越冬，等到条件适宜的时候，卵孢子就发育成芽管，直接入侵到幼苗的细胞内，造成幼苗感染。病菌侵染的最适温度是15～20℃，但是温度过低时，幼苗生长发育不良，也容易给病菌造成可乘之机。病菌可以通过灌溉等发病，也可借堆肥和农具传播，要做好疾病的控制工作。

3. 防治方法

（1）种子消毒　可以在播种之前用50～55℃的温水浸泡消毒，也可以用2.5%适乐时种衣剂10毫升对水100毫升和5千克种子拌种，两种方法都可以消除种子携带的病菌。

（2）培育壮苗　栽培地要选择排水良好、地势高燥的地区，幼苗出土后要适时增温，防止幼苗生长发育不良。合理灌溉，防止大水漫灌，保持苗床的适度干燥。床面浸水严重的时候可以扬撒适量的草木灰，降低床面的湿度。

（3）床土消毒　50%福美双可湿性粉剂和50%多菌灵可湿性粉剂按照1∶1的比例混合，或者也可以用70%代森锰锌可湿性粉剂与25%甲霜灵可湿性粉剂按1∶9比例混合，然后按照每平方米用药8~10克的量与4~5千克的细土拌匀，播种时把其中的1/3覆盖种子上，2/3撒在床面上。

（4）药剂防治　秧苗局部发病时，要先拔除带病的植株，然后用25%甲霜灵可湿性粉剂800倍液，或百菌清可湿性粉剂600倍液，或72.2%普力克水剂600倍液每间隔7天喷洒一次，每种药最多喷施3次，也可以几种药交替喷施。喷药的时间要尽可能选择在上午，然后利用中午的时间使地面干燥，降低地面湿度。另外，撒草木灰的方法也可以起到一定的防治作用。

七、黑斑病

黑斑病是常见于豌豆的一种病害，发病面积较广，初期影响不大，严重时可以导致减产和豆类品质下降。

1. 症状识别　黑斑病主要危害的是叶片、茎蔓和豆荚。

（1）叶片　叶片染病的初期会出现许多淡紫色的不规则小点，然后发展成紫红色的圆形斑点，并可能会伴生有轮纹。如果遇到高温高湿的气候条件，病斑就会迅速地扩展，遍布整个叶片，最后使叶片枯黄而死。

（2）柄和茎蔓　柄和茎蔓染病的时候会出现大小不等的紫褐色坏死斑块。

（3）豆荚　豆荚染病后会出现许多近圆形的暗褐色凹陷小点，以后发展成黄褐色的下陷斑，甚至可以从豆荚侵入到种子的内部，在种子上留下许多黑色的小点。

2. 病原　此病的发病病原是豆类壳二孢等半知菌亚门真菌。

3. 传播途径　病原可以以分生孢子器的形式在土壤中越冬，也可以菌丝或分生孢子的形式在种子内部存在。病原体可以借助风雨或灌水等进行传播。

4. 发生规律　如果种子带病，一般就会从子叶蔓延到真叶；然后患病部位分生孢子，进行再次侵染，扩大危害面积。

5. 综合防治

（1）种子处理　播种之前先用56℃的温水浸泡5分钟，然后再给种子消毒。

（2）农业防治　挑选无病的豆荚留种，做好选种和种子消毒工作。多用高畦种植，合理密植，增施钾肥，提高幼苗的抗病能力。

（3）化学防治　在发病初期喷40%多硫悬浮剂500倍液，或50%琥胶肥酸铜可湿性粉剂500倍液，连续喷洒2～3次，每次间隔10天。

八、芽枯病

芽枯病又称为烂头病、湿腐病，是一种常见的豆类疾病。.

1. 症状识别　芽枯病的主要危害部位是植株顶端2～4厘米的幼嫩器官，刚发病的时候是水渍状的，然后继续发展到湿腐状，白天气候干燥的时候，腐烂的部位倒挂在茎的顶部，夜间恢复湿腐状。

如果豆荚染病，一般都是在豆荚的下部先出现症状，由灰褐色的湿腐状发展到灰白色茸毛状霉层，然后豆荚就逐渐枯死。

2. 病原 枯叶病的病原是茄笄霉和瓜笄霉等接合菌亚门真菌。

3. 传播途径 病原主要在土壤中越冬，然后在适宜的情况下借助昆虫或风雨等进行传播，一般都是从入侵生命力微弱的植株开始。

4. 综合防治

（1）农业防治 高畦栽培，防止土壤中虫源入侵，合理灌溉，防止大水漫灌，及时排水，合理密植，保证农田通风透气。发病后要及时摘除残花、病果，进行销毁和填埋。

（2）化学防治 化学防治主要集中在病害发病初期，通常可以用58%甲霜灵锰锌可湿性粉剂500倍液，5%百菌清可湿性粉剂600倍液，或64%杀毒矾可湿性粉剂400～500倍液进行防治。

九、花叶病

花叶病是一种危害范围广，影响巨大的豆类疾病。多发地区包括我国的江汉平原、华北和黄淮流域。此病发生的地区，大多会造成30%～70%等不同程度的减产，有的年份甚至可能造成绝收。

1. 病原 发病的主要病原是大豆的花叶病毒。

2. 症状 此病具有多种症状表现，而且因豆类品种、感病时期、病毒株系以及部位的不同而发生变化。但是一般都会出现植株矮小，皱缩，叶片褪绿，叶脉两侧出现深绿色的孢子状突起。如果是种子带毒，一般在3～4叶期就会显现症状。发病严重的品种还可以出现顶芽坏死、叶片斑驳，扭曲，枝梢坏死、矮化，种子上常出现斑驳纹，俗称花脸豆或褐斑粒。斑纹或通过脐部呈带状，或以脐为中心呈放射状，但是一般斑纹的性状与感病的豆类品种有关，斑纹的颜色和脐色相似。

3. 发病条件　豆类花叶病的主要侵染源是带毒的作物种子，主要传播寄主是蚜虫；大豆花叶期病害发生也与气候等环境因素有着直接的联系，在高温和干旱的季节，蚜虫的活动增多，促进了豆类花叶病的发生。

4. 防治　应采取以选育抗病品种和消灭传播蚜虫为主的综合防治措施。

（1）选育抗病品种　目前推广的比较抗病、耐病的大豆品种有中黄9号、豫豆16、豫豆23、豫豆26等，可根据当地情况选择种植。

（2）药剂防治　发病初期用抗毒型施特灵300倍液，或植病灵1000～1500倍液，或20%病毒宁400～600倍液喷雾，隔7～10天喷1次，连喷2～3次。

十、根腐病

1. 发病症状　大豆根腐病是大豆苗期常发的根部真菌病害的统称。主要可以分为以下三种类型。

（1）镰刀菌根腐病　镰刀菌根腐病是三种根腐病中发生最为普遍和严重的一种，病苗的茎部和根部产生红褐色或褐色的长条状不规则的病斑，症状轻的可以后期恢复，发病严重时会出现植株矮小、须根不发达、部分坏死，下部叶片提前脱落等症状。

（2）腐霉根腐病　腐霉根腐病在我国淮海和东海豆类种植区内经常发生，而且集中发生地域是土壤潮湿、积水十分严重的地块。这种根腐病的危害很大，一旦染病，就会在短时间内造成幼苗猝倒，甚至枯死。

(3) 疫霉根腐病 疫霉根腐病是多发于黑龙江部分地区的一种危害性很大的豆类疾病。发生地块同样大多具有潮湿多水的特点。这种病害除了会引起幼苗腐烂外，还可以持续危害到分枝期，导致茎部出现深褐色病斑，最后病斑大面积蔓延，病株最后枯死。

以上三种可以致病的豆类根腐病都存在于豆田的土壤中，镰刀根腐病菌更是常年在土壤中生长，等待时间入侵大豆植株。除了疫霉根腐病菌外，其他病苗的寄主范围都很广泛，更不利于此类疾病的防治。

2. 防治方法

(1) 轮作 由于此类病菌大多生存于土壤中，只有彻底清除了土壤中残留的病残体，才可以减少这种疾病的发生。尤其是用于防治寄主范围小的病菌时，更是可以起到很好的防治效果。

(2) 改进栽培方法 规范合理整地，及时消灭潜生虫源，按期播种，防止土壤板结，适量灌溉，防止大水漫灌，避免田间长期积水。这些措施都可以很好地防止根腐病的发生。

(3) 药剂防治 大豆根腐病的防治一般以苗期防治为主。可以用含甲霜灵或瑞毒的种衣剂拌种，防治效果高达90%；用含福美双等杀菌剂的种衣剂按照1：50～1：70的用量比例拌种，防治效果高达70%～80%。用2.5%适乐时加35%金阿普隆防治豆类根腐病的效果最佳。

(4) 抗病品种 培育抗病品种是防治豆类根腐病的有效方法之一。如东北地区就可以选用一些对疫霉根腐病菌高抗的蔬菜品种，种子自身具有抗性是防止疾病侵袭的最好屏障。

十一、菌 核 病

1. 病害特点　大豆菌核病多发于内蒙古自治区东部、黑龙江省北部等大豆产区，严重病区的发病率可以高达100%，造成作物减产60%以上。病害从作物花期就开始蚕食豆类的茎秆，导致叶节或分枝处出现不规则的斑点，斑点向茎秆的上下各处蔓延，并发展为红褐色。病部逐渐腐烂，气候潮湿的时候可以看到病斑上长满白色的棉絮状的菌丝，并夹杂有黑色的鼠类粪便状的颗粒。最后病部以上会逐渐枯死或折断。病菌冬季在土壤中越冬，夏季气候适宜的时候就萌生出来，侵染植物，危害严重。

2. 防治方法

（1）抗病品种　选用防病抗病的优良蔬菜品种，提高豆类蔬菜自身的抗病能力。

（2）农业防治　作物合理轮作，收获后及时清除残留的枝叶，不使用带病菜田的种子。

（3）田间喷药　在豆类开花和结荚的时期定量喷洒适量的甲基托布津、多菌灵，做好疾病的预防工作。

第二节　豆类蔬菜虫害防治

蚜虫是一种主要危害豇豆的常见害虫，它吸食豇豆的汁液，严重的可以导致植株的整体死亡。另外，豌豆、蚕豆等豆类也会受到蚜虫的危害。蚜虫的抗药性不强，如果及时防治，就可以取得很好的治疗效果。

一、蚜 虫

1. *危害* 北方地区的蚜虫一般以卵越冬，多发于条件适宜的5～6月份和10～11月份。这种害虫体表呈黑色，经常大量聚集在植株的嫩茎、叶、花和豆荚上吸食汁液，病株会出现生长缓慢、叶片卷曲变黄、豆荚细小、品质下降等症状。严重时会导致豆类蔬菜的大量减产。

南方地区的蚜虫没有越冬现象，在适宜的外界环境条件下，一般每4～6天就可以繁殖一代，所以在其繁殖盛期数量增长速度很快。

2. *防治方法*

（1）*减少虫源* 收获后及时彻底整地，拔除田地里的带病植株，不留一点病株的残枝败叶。大棚种植也可以在高处悬挂黄粘板，在黄色板上涂上机油来诱杀成虫，或者铺设、悬挂银灰色的地膜来驱避虫害。

（2）*药剂防治* 蚜虫病害的防治重点也是及早预防，并做好初期的治疗。苗期发现病害后要在插架之前打药，以后发现后要及时打药。药物一般要选择兼具内吸、触杀、熏蒸特点的安全农药，并且要注意合理间隔用药。习惯上用的2.5%溴氰菊酯乳油2000～3000倍液，间隔3～5天，最多连续使用2～3次；22%敌敌畏烟剂每亩400克，间隔5天，最多连续使用5次；或5%顺式氰戊菊酯（来福灵）乳油3000～4000倍液，间隔3天，最多连续使用2次；80%敌敌畏乳油800～1000倍液，间隔5天，最多连续使用5次；10%吡虫啉可湿性粉剂2000～3000倍液，间隔7天，最多连续使用2次；4%灭蚜粉尘每亩1千克，间隔5天，最多连续使用5次。当害虫发生频率较大时，一般采用交替用药的方式，避免重复多次使用同一种药物。

二、白粉虱

1. 危害　白粉虱又称为小白蛾，是一种常见于南北方各地大棚的主要害虫。它的传播途径多、寄主种类多、繁殖速度快、强抗药性，并且世代重叠。

白粉虱经常集中在页面背部吸食汁液，造成植株生长缓慢，叶片褪绿、变黄，甚至出现黑色的斑点，严重的可以使全株枯死。白粉虱在吸食的过程中会分泌出大量的蜜露，诱发叶面霉病的发生，使果实失去商品价值，一般白粉虱发生的地区都可以使蔬菜减产15%～30%，而且这种害虫春季危害露地栽培的菜田，当气温降低的时候就又转到温室啃食叶片，危害严重。

2. 防治方法

（1）虫源处理　在室外气温较低的季节，利用倒茬的时间，彻底地清除棚室中的残留枝叶，并且揭开薄膜，用0℃以下的低温冷冻5天，冻死在棚室越冬的害虫。

（2）隔离防治　育苗床与栽培棚室分开，在育苗前彻底清除杂草和残留的植株，杀灭虫源。在棚室的放风口位置设置防虫网，防止外来虫源进入。合理间作，在有白粉虱发生的地块，避免种植茄子、菜豆、黄瓜、番茄等容易感染白粉虱的蔬菜，改种一些十字花科蔬菜。另外，还可以用黄色板和银灰色膜除白粉虱。每亩菜地分开放置30块40厘米×30厘米的黄色板，板上刷一层机油，使其和植株的高度一致，等到黄色板上的机油干燥后，可以重复涂机油使用；或者也可以每亩菜地用8千克银灰色地膜覆盖，驱避白粉虱。

（3）生物防治　生物防治主要是人工放养草蛉和丽蚜小蜂，两者都是白粉虱的天敌，前者一生可以捕食白粉虱 172.6 只，后者则主要是在白粉虱的蛹和幼虫体内产卵，导致被寄生的宿主死亡。

（4）药剂防治　防治大面积白粉虱危害的产生，最主要的措施就是要做好提前预防和发病初期的防治工作，这是虫害防治的关键。化学药剂都具有一定的毒副作用，所以要控制使用的剂量和时间间隔，不可以频繁使用。10%吡虫啉可湿性粉剂 2000～3000 倍液，间隔 7 天，最多连续使用 2 次；或 2.5%溴氰菊酯（敌杀死）乳油 2000～3000 倍液，间隔 3 天，最多连续使用 3 次；2.5%除虫菊酯（功夫菊酯）乳剂 2000～3000 倍液，间隔 7 天，最多连续使用 2 次；2.5%联苯菊酯乳油 3000 倍液，间隔 5 天，最多连续使用 3 次；或 25%扑虱灵可湿性粉剂 2000～3000 倍液。

三、豆毒蛾

豆毒蛾又称为肾毒蛾，是一种各地均有发生的主要危害豆类蔬菜的鳞翅目毒蛾科害虫。

1. 危害　豆毒蛾会吃掉豆类的叶片，影响植株的生长发育。

（1）成虫　豆毒蛾的触角是褐黄色的，栉齿褐色；头、胸、下唇须和足都是深黄褐色的，后翅呈淡黄色，腹部褐黄色。雌性成虫展翅后长 45～50 毫米，雄性成虫展翅后长 34～40 毫米。

（2）幼虫　幼虫的头部是黑褐色的，具有光泽，头部着生有褐色的次生刚毛。虫体呈黑褐色，前胸背板长有黑色的毛，前胸背面两侧各长着一个黑色的大瘤，大瘤上长着长毛束，毛束前伸。第 1～4 腹节背面有暗黄褐色短毛刷。幼虫体长约 40 毫米。

2. 发生特点

（1）发生　在长江流域这种害虫一般每年发生3代。害虫越冬后开始侵染秧苗，然后成熟的害虫用丝和体毛作茧，每年6月份就又出现一代成虫。

（2）习性　害虫一般都将虫卵产在叶片上，幼虫一般集中蚕食叶肉，长大后分散采食。

3. 综合防治

（1）物理防治　可以在田地里设置害虫趋向的灯光，诱杀繁殖期成虫，减少来年虫源。

（2）化学防治　喷洒50%敌乐合剂1000倍液，50%辛硫磷乳油1000～1500倍液，或10%吡虫啉可湿性粉剂2500倍液防治虫害。